Sensualidad
en tiempos de Internet

Del mercado del sujeto al «sujeto del mercado»

Daniel Adrián Leone

Daniel Adrián Leone

Sensualidad
en tiempos de internet

Del mercado del sujeto al «sujeto del mercado»

© Daniel Adrián Leone
© De esta edición:
   Daniel Adrián Leone
   https://psicoanalisissalvaje.blogspot.com/

Segunda edición: noviembre 2019

Diseño y diagramación: Dualidad 101 217
www.dualidad101217.com
silvio@dualidad101217.com
Imagen de cubierta: Bogdan Glisik
Imagen de contracubierta: Louis Reed

ISBN: 978-1-79474-030-3

Todos los derechos reservados. Esta publicación no puede ser reproducida, ni en todo ni en parte, ni registrada en o transmitida por un sistema de recuperación de información, en ninguna forma ni por ningún medio, sea mecánico, fotoquímico, electrónico, magnético, electroóptico, por fotocopia o cualquier otro, sin el permiso previo por escrito del autor.

A Wilhelm Stekel y a Georg Groddeck

Porque un psicoanalista jamás debe permitir que se le conceda al psicoanálisis, la importancia y el interés, que por legítimo derecho solo le corresponde a la subjetividad, es decir, a lo inconsciente y a sus manifestaciones en la vida cotidiana.

Agradecimientos

Sin duda alguna no puedo comenzar con los "agradecimientos" sin que la imagen de Moisés A. Brador Abreu, aparezca frente a mí. Su especial apoyo, dedicación y confianza han hecho posible este primer libro, no solo como publicación sino como realidad manifiesta.

Seguramente cuando uno agradece a aquellas personas que de alguna u otra manera han contribuido a la producción de un libro hace forzosamente un recorte atroz. Es muy difícil representarse siquiera todas aquellas personas y aquellos vínculos que aparecen en juego al momento de una "producción individual" al punto de que uno debería decir que toda producción individual es individual si, y solo si, uno sustenta la idea de individuo en la amplitud de acepciones que los brasileros le atribuyen a su yo cuando se refieren a sí-mismos como "a gente", lo que implica no solo un yo, sino todos aquellos vínculos que hacen que yo sea un yo y no cualquier otro.

Hoy que está tan en boga la idea de la producción intelectual y el derecho a la autoría de la misma, uno debería decir, de ser honesto, que un autor tiene el derecho a reclamarse como autor en todo caso de que deba rendir cuentas por lo que ha escrito y pensado, en todo caso que sienta el impulso a trasmitirlo, en todo caso en que deba defender del parasitismo indiscriminado de su nombre para argumentar ideas de otros; en todo otro caso, hay que decirlo, toda producción de saber es, antes que nada social, por más que sea uno el que pone el cuerpo para que esa expresión social emerja y cobre forma.

Como autodidacta he tenido grandes maestros, todos ellos elegidos a mi *gusto y piaccere*, lo que no significa que me haya convertido en representante de sus ideas, y menos aún, que tú, lector, puedas encontrar en mis palabras el reflejo cabal de las de aquellos. Sin embargo, las palabras cuando son dichas por un sujeto siempre son dichas en transferencia, es decir, mediatizadas por diversos vínculos de amor y reconocimiento; así pues, si bien "Sensualidad en tiempos de Internet" no es un libro de psicoanálisis en toda regla, aunque reconozco con todo gusto la filiación que posee este libro con el psicoanálisis y en particular con la enseñanza del psicoanalista, onirólogo y profesor rosarino Miguel Szama.

"Sensualidad en tiempos de Internet" es un libro que condensa casi 20 años de estudio autodidacta en materia de psicología y psicoanálisis. En sentido cronológico es el último de los ensayos que he escrito, aunque sea el primero que se publica, por lo que no puedo dejar de agradecer a la Facultad de Psicología UNR, Rosario, Santa Fe, Argentina, por su capacidad para mover a los alumnos fuera de la institución, a fuerza de rechazar sistemáticamente cualquier tratamiento de la materia ajeno al estrecho discurso del Status Quo oscurantista, a no ser por algunos profesores empeñados a abrir las fronteras –justo ahí donde la institución restringe en virtud de su instinto de conservación– apelando a su generosidad intelectual, tales como el profesor Sergio Saavedra, la profesora Sandra Cejas y el profesor Sergio de la Cruz.

Cuando uno se asume como autodidacta no puede dejar de reconocer a aquellos que sin haber sido propiamente maestros en el sentido institucional, lo han sido en otra perspectiva mucho más humana y en este sentido grande es mi gratitud para con el profesor y amigo Ángel Fernández y para con Diego Senatore por las noches compartidas, entregados a la conversación apasionada sobre lo humano y el psicoanálisis; hacia la psicoanalista Mariana Brebbia, quien no solo me honró y me honra con su amistad –y con el sugestivo prólogo a este primer libro–, sino que me enseñó con su cálida sencillez que la honestidad intelectual debe estar por encima de todas las cosas, aunque eso implique deshacerse de toda referencia.

También el amigo Carlos Aguirre ha sido un maestro para mí, puesto que en parte me ha trasmitido su don de saber escuchar, habiendo compartido durante mucho tiempo el gusto por la curiosidad y el debate sobre lo humano. Junto a este Carlos me viene a la mente el otro Carlos, el amigo Carlos Correia (cultor de la psicología de Jung), con quien nos hemos entregado a largas horas de apasionada discusión, y ni qué hablar del amigo "Juancito" Cosmos, astrónomo y profesor de geografía y su grata influencia en virtud de su afable y dedicada consideración de la vida cotidiana.

Dedico también en estos agradecimientos un especial y cariñoso apartado a mis dos grandes amigos Ana Pizzi y Gerardo Campani y a todo el foro literario Ultraversal.com, (Morgana, Santos, Isa, Duali, Pastor, Arantza y a todos los amigos del foro) por su capacidad de entrega y su amor a la literatura, sin los que difícilmente podría haber progresado en mi escritura haciendo de esta un oficio. Y en este mismo sentido, cómo no recordar cariñosamente el énfasis y la bella dedicación de mi queridísima profesora de literatura, la doctora en lenguaje Carolina Lerena, quien fue la primera persona que luchó por que mi literatura se manifestara más allá de los estrechos márgenes de mi fantasía; o y al primer escritor con el que pude escribir en conjunto, y más que escribir, soñar a un tiempo, mi querido amigo Pablo Solomonoff, con quien la afición por la ciencia ficción y por la curiosidad en todas sus formas y aplicaciones nos unió desde un primer momento hasta el día de hoy.

¿Cómo no agradecer muy especialmente a la querida Tía Coca, su pasión por regalarme libros desde la más tierna infancia y su amorosa vocación docente sin haber sido docente jamás? ¿Y al "Gordo" Pedro por haber sido de los primeros que creyó en mi capacidad para escribir y reflexionar? Sin duda alguna le agradezco también y con todo orgullo a mi propio viejo, por haberme apoyado con la escritura desde siempre, a su pasión por "empapelar la casa" con enciclopedias que me devoré, siesta tras siesta, desde aquella primera vez que a los siete años, temeroso, tomé un primer tomo de uno de "sus" diccionarios enciclopédicos. Tampoco podría haber logrado producir algo sin la belleza de mi hermano, capaz de ser un compañero de aventuras de toda especulación reflexiva, incluso, la más insostenible de todas, y a mi madre, quien me trasmitió su gusto por el idioma y sobre todo, su peculiar manera de experimentar la pasión por la expresión idiomática.

Por último, querido lector, puesto que para lo último se reserva el postre, quiero agradecerle a tres mujeres sin las cuales jamás podría haber aparecido nada parecido a una producción intelectual en mi vida, simplemente por falta de compañeros de juegos; María Eugenia Machuca (próxima psicoanalista), de quien obtuve el benévolo escepticismo que Freud reclamaba para sus intelecciones a más de su gran cariño; María Eugenia Martí (Profesora de letras) quien me trasmitió su amor por Plauto y la literatura clásica, enseñándome, con toda paciencia, a escuchar y ser escuchado, esforzándose por ayudarme a dominar mi tremendo carácter intelectual y afectivo, y a mi ex compañera Laura Gelmini, quien desde hace casi tres años no solo me soporta sino que me acompaña en todas estas aventuras con una ternura sin límites.

Como ves, querido lector, la lista, así de extensa, es, por fuerza, fragmentaria, y sin embargo, nada de esta producción intelectual que tienes en tus manos en este momento y que lleva mi rúbrica podría haber sido posible sin todas estas personas bellas, y sin muchas otras, como mi primo Gastón (cultor –y guía personal– en el gusto por la música), mi queridísimo Facundo Ríos, con esa sensibilidad tan a flor de piel; el máster de la cocina-rock, mi queridísimo amigo Ariel Romano, y sin tantas otras amistades incondicionales con las que tanto he disfrutado y aprendido gracias al estudio y la discusión, pero también gracias al afecto y el compartir la vida como son mi incondicional amiga de la infancia y la adolescencia Fernanda Aranda (psicóloga y compañera iniciática en la lectura de Freud), Valeria Núñez (psicóloga y trombonista), Silvia y Sandra Ayala, (las dos correntinas más dulces de la tierra), Alejandra Maglione (psicóloga y compañera de estudios), y sin tantísimas otras personas a las que les agradezco también por su intermedio.

Daniel Adrián Leone

Prólogo

Por Mariana Brebbia

El prólogo es un género bastante ambiguo, poco estudiado, lleno de sorpresas y abierto a pocas reglas definidas. Estoy leyendo un prólogo de Semprún, quien dice que el prólogo tiene que ver con el pedido de prólogo más que el contenido del mismo.

En "Sensualidad en tiempos de Internet" leo un modo particular de dirigirse al lector, casi a la manera en que el mismo Stekel se dirigía a ellos: cálida y amigablemente, invitando a leer, sin preocuparse demasiado por comprender hasta haber podido terminar la lectura.

Creo que Daniel nos convoca a eso, a no precipitarnos sacando conclusiones, o dejándonos llevar por la lógica del entorpecimiento incitada por el consumismo alienante en donde lo automático y lo urgente rigen los movimientos y el deseo humano.

Daniel Adrián Leone es un autor que camina y acompaña la lectura con tranquilidad, proponiéndonos pensar sin juzgar. En ese sentido, no estoy muy segura de poder mantenerme tan serena en algunos momentos de la lectura.

En estos últimos tiempos he oscilado entre posiciones con respecto al uso de las redes sociales y de Internet. Si me detengo a posicionarme demasiado críticamente con respecto al uso de lo "virtual" perderé la valiosísima oportunidad de poder disfrutar de lo que el autor propone: dejarse llevar por lo que podemos pensar a medida que avanzamos.

Me resulta muy curioso que un autor que escribe un libro sobre Internet y las relaciones humanas le pida un prólogo a alguien que ni siquiera tiene Internet. ¿Es casual? No lo creo.

Pienso que Daniel asume toda la responsabilidad de convocar a alguien que no sabe demasiado de lo que se trata para que hable sobre eso.

Él viene trabajando desde hace tiempo el peligro que conlleva en Psicoanálisis invitar a alguien "que sabe" sobre el tema. ¿Será este pedido de un prólogo un intento más de combatir cierto "saber" erudito? ¿Será este pedido un paso más en el avance de esa delicada resistencia?

Después de leer el libro me he quedado con algunas preguntas fundamentales. ¿Es "Internet" o es el dispositivo en donde lo virtual, como lo "imaginario" en su punto máximo de exaltación, puede apoyarse?

Daniel propone que hay algo de la pulsión de dominio (que trabaja a partir de la fantasía sádica del coito) y algo de la agresividad cada vez más presente en las relaciones "sensuales". En las relaciones virtuales esto se pone en juego claramente. ¿Qué sucede que los sujetos encarnan cada vez más el ideal sádico-masoquista en las relaciones amorosas?

Más allá de imponer un tono moralizante, como nos advierte el autor, lo interesante del libro consta en interrogar lo que Internet genera y produce en los sujetos. Pero no puedo mentirles y decirles que algo me inquieta de la virtualidad y es que la enunciación queda excluida. Puedo escribir y chatear, pero allí no estaré. Mi enunciación estará elidida.

Alguien puede decirnos: ¿cuál sería el problema? En realidad, ninguno, porque el problema es continuamente eludido. Ese es el problema: no hay sujeto al que pueda yo decirle tal o cual cosa. Ese que dijo "tal o cual cosa", se escurre, no existe, simula, está velado.

Creo en realidad que esto depende de qué persona quiere jugar ese juego o no. Todos sabemos que hay personas que usan Internet de una manera frontal y en un ámbito de ternura y responsabilidad.

Sin embargo, cabe preguntarse ¿por qué necesito un montaje para relacionarme? ¿Por qué no? ¿Acaso un encuentro en lo real no implica la disposición de un montaje también? ¿Qué diferenciaría Internet a cualquier tipo de montaje necesario en otro encuentro más? ¿Acaso en la vida real no usamos "otros montajes" mucho más peligrosos algunas veces?

Podríamos preguntarnos ¿qué lugar tiene Internet hoy en el encuentro entre los seres humanos? Es imposible generalizar.

Un buen día llega una paciente a mi consultorio y dice: "Mi hija no se despega de la pantalla. ¿Qué ve ella ahí que se pasa todo el día en Internet? ¿Qué es lo que la engancha tanto? Ya no sale ¡Se hablan con las amigas por Facebook en vez de encontrarse a tomar algo! No lo entiendo…En mi época no era así, nosotros dábamos la cara…"

Nota del autor:

Mariana Brebbia es una gran poeta, escritora y psicoanalista rosarina (Rosario, Argentina) a la que me une una estrecha amistad y en quien he encontrado una referencia y una compañera en la aventura de sondear la vida inconsciente y sus efectos en el aquí y ahora de la subjetividad, desde todos los lugares posibles, desde la teoría, sí, pero también, desde la calle, desde la vida cotidiana.

Acerca de este ensayo

En algún punto se produce un viraje insoslayable. La fantasía llamada Mercado abandona su objetivo de "ser-todo-para-el-sujeto", sustituyéndolo por el antiquísimo objetivo de las religiones "que todo sujeto encarne el ideal que se le ofrece".

No es casualidad.

Ni siquiera el mercado puede cubrir por completo el cúmulo de discontinuidades arbitrarias en continua ebullición que implica la subjetividad.

Para cumplir tal objetivo se lanza a recodificar la subjetividad, formateándola lo mejor posible, para condicionar y teledirigir sus emergentes, empujando a todo sujeto a abandonar sus propios montajes e imposturas y sustituirlos por montajes e imposturas que se legitiman desde el éxito, desde la seguridad.

Se le muestra a todo sujeto que ha fracasado en su intento de desarrollarse como tal, se le enrostra su fracaso y su frustración y se le explica que ha errado el camino. No era necesario desarrollarse (ser y estar definiéndose por el hacer). Basta con encarnar un "yo ideal" exitoso en el montaje apropiado. No hace falta una individualidad genuina, capaz de desarrollar empatía, lazos afectivos, capacidad intelectual propia. Basta con hacer "como si" y volverse un espectador más de la vida de ese "único sujeto" capaz de representarlos a todos.

El único precio es estar conectado a perpetuidad, entregarse cual pacto demoníaco a la servidumbre perpetua a un ideal tiranizante, amo y señor, para vivir por su intermedio una sensación de seguridad, de consistencia, de plenipotencia.

Nada nuevo hace el mercado. Al fin y al cabo, hace dos mil años que se le dice al sujeto que "todos somos uno en Cristo". Lo que ha cambiado es el soporte técnico-tecnológico para darle consistencia al montaje universal.

La sensualidad, el último bastión de la subjetividad, tan refractaria a todo condicionamiento exterior, tan salvaje en su naturaleza, es el último foco de resistencia. Al fin y al cabo, no hay empatía sin sensualidad, ni sensualidad sin empatía.

La experiencia sensual sitúa literalmente al sujeto en una posición, lo convoca permanentemente a hacer algo con sus discontinuidades, con las arbitrariedades que lo poseen y definen.

Por lo que recodificar la subjetividad implica necesariamente recodificar, reprogramar lo sensual.

Se intentó de todas las maneras posibles. Se legisló sobre la sensualidad desde la moral a las religiones, pasando por la medicina y la filosofía y sin embargo, no hubo prohibición, ni argumento, capaz de ser completamente exitosa.

Fue necesario modificar la noción de tiempo, alterar el tempo en el sentido musical del término, de las relaciones humanas, para obtener un recurso contra la sensualidad.

Con la revolución industrial y la nueva división del trabajo se dio el primer paso, pero no alcanzó para modificar duraderamente el "tempo" sensual, simplemente lo acotó, le dio límites, pero al igual que las leyes de otrora, fracasaron en el plan de la recodificación de lo sensual.

Es verdad que los antiguos, los manipuladores previos a la constitución del mercado como lo entendemos desde el siglo XIX en adelante, no tenían el fin de recodificar la sensualidad, tan solo querían esterilizarla, desnaturalizarla, quitarle ese increíble rendimiento que le permite al sujeto recrearse y reinventarse librándose –al menos parcialmente– de las alienaciones.

Poco tiempo después, con la aparición de la radio y posteriormente de la TV, el objetivo de recodificar la sensualidad encontró en los soportes técnico-tecnológicos un poderoso aliado. La Radio y la TV lograban intervenir en la temporalidad sin afectarla directamente. No proponían ni imponían limitaciones. Tan solo estaban ahí, en la reunión familiar, en el vacío nostálgico de un solterón, en la melancolía de la fantasía perdida.

La trampa fue que comenzaron a formar parte de la vida cotidiana de cada quien, y cuando se cerró la trampa comenzaron sus demandas. Nadie obligaba a una familia a almorzar a determinada hora y mucho menos a levantarse de la mesa en determinado intervalo, pero de no observar tal temporalidad, corrían el riesgo de quedarse afuera de la información, del placer de escuchar o ver una historia, de enterarse cuándo salía la nueva cocina que brindaría calor a la familia.

Aun así, el montaje era incompleto. Aún con la trasmisión de 24 horas, con las promociones y con la ventaja de estar informado, la gente no estaba inmersa en el montaje, no podía moverse en él. La radio y la TV todavía eran montajes con demasiados agujeros hacia un afuera completamente ajeno a su dominio. La globalización ya tenía prácticamente todas las condiciones para madurar y afianzarse como dios indiscutido, capaz de legislarlo todo, pero faltaba una para nada trivial: privarle al sujeto la capacidad de sustraerse de su influjo.

¿Cómo privar al sujeto de semejante activo de manera tal de que no sienta que se ve privado de esa capacidad?

Nadie se entrega por completo, totalmente, aun si esa es su voluntad, pues, lo inconsciente pugna por expresarse y su forma de expresarse es transformar permanentemente la realidad, la realidad exterior, pero también esas ilusiones a las que le damos status de realidad y a la que llamamos "yosoyasí".

Internet apareció para dar solución a tal conflicto, inventando un "afuera virtual", generando la ilusión que equipara estar "afuera" con estar "off-line", constituyéndose en el primer montaje capaz de resolver la gran paradoja universal de "estar y no estar al mismo tiempo". Pero también y a raíz de éste rendimiento se constituye en el primer montaje postizo en el que el sujeto cree estar bajo su dominio, haciendo uso de sus propios montajes subjetivos, encarnando sus propias imposturas, y creyéndose libre para abandonarse a su arbitrio.

En éste ensayo me propongo, pues, ver cómo incide en la sensualidad ese tempo que marca Internet, analizando y poniendo en perspectiva los modos de relación.

Índice

Prólogo 15

Nota del autor: 19

Acerca de este ensayo 21

I. Introducción 31

Online 33

Offline 33

A un solo Clic 34

Puro montaje 35

Para todo X 36

Internet y el amor 37

Del sujeto frente a la pantalla al sujeto apantallado 38

La necesidad de pantalla y el sujeto en constitución 40

La función «realización». 41

De la "adultez" a la "conquista de la realidad" 43

¿Qué instituyen las instituciones? 44

Dos «modos de relación» familiares 46

Amor y dominio 50

Empatía e interés 52

Un rendimiento psíquico llamado sensualidad 54

Sensualidad y sexualidad 55

El porqué de la sensualidad 57

Dolor y sensualidad: dos formas de implicación................ 59

El miedo a la implicación en la infancia 62

La adolescencia y el miedo a la autoafirmación................ 65

La necesidad de pertenecer.. 68

La "herencia" de los conflictos infantiles.......................... 70

II. El sujeto de mercado 75

Clave de acceso: encarnar el ideal..................................... 77

El mercado y las elucubraciones infantiles 79

¿A qué llamamos "mercado"?.. 82

El mercado como referencia unívoca y universal 84

El mercado como ficción delirante.................................... 86

Las «certezas universales» que sostienen al "mercado".... 87

Las «certezas delirantes» del "mercado" a la infancia 88

El sustrato psicológico de la ficción "mercado" 89

El mercado como correlato de la neurosis........................ 92

El «sujeto del mercado» y el "mercado del sujeto"............ 97

III. Internet y subjetividad... 103

Internet: de la impotencia al «Plus de eficacia» 105

Internet Vs. Realidad... 107

Internet como ruta privilegiada de escape 108

De la utopía al mundo virtual.. 110

La supuesta "Cultura Global".. 112

La función de la Cultura Global 114

"Igualdad para los iguales" y la diferencia subjetiva 115

«Montaje» e «impostura» en la vida cotidiana 119

El sujeto entre montajes e imposturas 122

Montaje, impostura e identidad: el yosoyasí 123

Cuando el montaje es ajeno al sujeto 125

El montaje llamado Internet 127

IV. Sensualidad y pornografía 131

El porno: del combate a la comprensión 135

Primer objeto sensual y sensualidad como montaje 137

El porno según Internet 139

Consigna: simular un montaje no simulado 142

La agresión como componente independiente del montaje erótico propio de la pornografía 145

La concepción sádica del coito 149

El coito, del castigo físico al castigo moral 151

Agresión, sexualidad y moral 153

La concepción sádica-moral de la vida de relación 155

Necesidad de pantalla y conquista de la sensualidad 157

Del consumo al consumismo de pornografía 162

La función social de la pornografía 163

La encrucijada de la sensualidad 165

V. La sensualidad en tiempos de Internet 171

El amor en tiempos de Internet... 173

Temporalidad subjetiva, temporalidad virtual................. 174

¿Cómo ama el "sujeto del mercado"? 177

La "vida de relación": de Internet a la realidad 178

El montaje llamado Internet y el sujeto............................ 181

La precariedad subjetiva y la falta de deseo 183

La «inmediatez» como registro 185

La angustia frente a lo perentorio 188

Las dos cláusulas de toda neurosis 191

La alienación a un "modo de sujeto ideal"....................... 192

La fantasía del retorno al claustro materno 195

Horror al contacto, miedo al contagio 197

La cosmovisión criminalizante de la vida de relación en lo cotidiano. 199

¿Qué instituye Internet como montaje del mercado?...... 201

Internet como mercado de subjetividades 204

Internet es un montaje-al-uso 206

Epílogo 211

La sensualidad a destajo. 213

Online # 2 213

Offline # 2 214

Anexo 215

Glosario de términos y expresiones. 217
Bibliografía de referencia.. 229

I. Introducción

I. Introducción

Online

Ella, divorciada, solitaria, no sabe que él, (aquel señor de mirada sugestiva y con más de mil amigos en Facebook), en este momento ha dejado de chatear con ella para abrir una lata de conserva en las semipenumbras de su departamento. Lo supone, más bien, ocupado con alguna otra. Tal vez alguna más joven, una de esas tantas jóvenes que postean fotos "osadas" en su muro.

Al mismo tiempo, en un ciber, un adolescente mira la pantalla: está enamorado de aquella estampa en el perfil de una compañera de escuela a la que jamás se atrevió a hablarle pero a quien le pidió amistad en el face.

Offline

Ella se escandaliza: un tipo la siguió desde el supermercado a su casa. Le dijo varias cosas que no alcanzó a entender, o que no quiso entender. Ella no era de las que hablan con cualquier desconocido, por más que le resultara interesante; además, detenerse implicaba perder esas dos horas preciadas (entre la partida de su marido y la llegada de su hijo) en la que se zambulle en Internet para ver si encuentra a Rubén_48.

***

El adolescente descubre que un compañero tiene para descarga directa un video de la WebCam entre "La Colo" y un tipo grande, que le paga una fortuna por filmarse masturbándose. Está furioso, molesto y a la vez, excitado. ¿Cómo será "La Colo" excitada? ¿Con quién fantaseará mientras "lo hace"? En la escuela parece una chica como cualquier otra, pero ¿cómo será cuando se saca la ropa? Según un compañero de la escuela, "alguien" subió el video y el post tuvo más de 400 000 visitas en poco menos de 24 horas: "mirá como se toca esta putita y desnucate" se llama el post. Se había prometido no masturbarse más pero... es "La Colo". Y el video debe estar re-bueno.

Entra en su habitación y ve que su madre minimiza rápidamente la pantalla sobresaltándose al tiempo que le pregunta que hace en casa tan temprano.

Mira de reojo el reloj, ya pasaron sus dos horas y no había logrado competir con las innumerables mujeres de Rubén. El tiempo no le alcanzó siquiera para "entrar en clima", a pesar de escuchar-leer algunas de sus frases subidas de tono no logró excitarse con el terror fascinante de ser descubierta in fraganti por su marido.

A un solo Clic

Internet es un medio curioso que se propone como universo plano en el que la mayor distancia que estamos dispuestos a tolerar, al menos todos los que estamos debidamente actualizados, es un solo Clic. Para los demás, las distancias se acentúan conforme a su des-actualización: todas sus acciones cobran una eficacia diferida en tiempo y espacio como si estuvieran en otro universo, como si pagaran la liviandad de los otros, los que navegan en el espacio virtual, teniendo que soportar sobre su cuerpo, todo el peso de la realidad. El estar conectado es mucho más que una manera ilusoria del estar, es la manera actual del estar. Estar no conectado es imposible puesto que es tanto como resistirse a la dinámica en la que se soportan hoy los lazos sociales como los lazos afectivos.

Se puede estar offline, pero, "estar offline" no significa estar fuera de toda conexión sino por el contrario, implica que nos hallamos en un intervalo entre el afuera y el adentro, aquel intervalo al que –en la era pre-Internet– le llamaban realidad.

Puro montaje

Lacan, después de todo, se queda corto: no es sobre el sujeto de la ciencia que debe operar el psicoanálisis sino sobre el sujeto del mercado.

La sensualidad en tiempos de Internet difiere grandemente a la sensualidad de la era radial o de la era de la fotografía, no solo cobra una pregnancia especial en la que se sobrevalora un sentido (el oído o la vista) sino que adquiere un ritmo frenético y perentorio: si una página Web tarda en cargar más de tres segundos el interés en la misma se disipa de forma abrupta y se pasa a alguna otra, a algún sustituto que provea algo similar, (aunque no sea más que un copy & paste que nada tiene de original) siempre y cuando este "sustituto" se adecue a la regla de oro de Internet: captar el interés justo en el instante previo a su desvanecimiento.

Las «certezas» en las que se sustenta la mecánica del mundo virtual son simples y consistentes. De hecho podríamos decir que Internet –como mundo virtual y funcional al mercado– se sustenta, antes que nada, en la certeza de que en un sujeto promedio la falta de deseo es tan radical que "el interés genuino" no dura más de tres segundos.

En correlación a esta certeza primordial, aparece otra no menos importante: la certeza de que todo se puede equiparar si es ubicado en un mismo plano más o menos general y abarcativo. Por tanto, todo es igualmente intercambiable, lo que nos lleva a una suerte de tesis que se desprende de la cosmovisión que se consolida con Internet, que enuncia que si hay diferencias no son más que diferencias aparentes, o dicho de otra manera, toda diferencia es diferencia de entornos gráficos y animaciones flash, es decir, toda diferencia es una diferencia de puro montaje.

Para todo X

En este contexto no es raro encontrar en Internet sujetos de pura impostura, que transitan la vida mostrándose como si todo fuera igualmente intercambiable –sus dichos y expresiones afectivas, sus maneras de pensar y actuar, etc.–, al punto de presentarse como si estuvieran igualmente atravesados por conflictos equiparables con alguna suerte de sujeto virtual –capaz de actuar como referencia universal y unívoca para todo sujeto– y a través de este igualmente equiparable al resto. No es difícil encontrarse, entonces, con sujetos que no son tales, sujetos que no portan diferencia alguna capaz de constituirlos y proveerlos de un rasgo distintivo.

Incluso podríamos decir que una de las reglas fundante del concepto de Internet es el nominalismo más absoluto. (Y no podemos dejar de considerar al nominalismo como el mecanismo superior del capitalismo puesto que, ¿qué es el capitalismo sino un lenguaje que se arroga el derecho de poder decirlo todo... "a su manera"?)

I. Introducción

¿En este contexto, acaso podemos sorprendernos de que la sensualidad aparezca como si fuera toda decible, o como una suerte de experiencia de laboratorio, perfectamente medible, calculable y pronosticable?

La sensualidad, tal y como se manifiesta en la actualidad, aparece como si se viera restringida a expresarse según diferencias de puro montaje adoptando, por ejemplo, los modos del montaje de la pornografía, o bien, subyaciendo a alguna impostura más o menos instaurada por las leyes del mercado por la simple razón de que el sujeto solo aparece en la instantaneidad de lo formulado, incluso, de lo previamente formulado y preestablecido para todo x.

Internet y el amor

Sin embargo, se dirá, muchas personas logran relacionarse a través de Internet y no solo eso, muchas personas encuentran el amor genuino a través de Internet puesto que les permite, por ejemplo, superar su timidez o bien, cobrar coraje para afrontar un recuerdo angustiante y superarlo a resguardo de la pantalla de su notebook.

Y tienen razón, es una realidad innegable, la razón de este ensayo –y en general de toda reflexión sobre este fenómeno– no es cuestionar en tono moralizante este tipo de relaciones sino en tratar de descubrir qué les provee el montaje llamado Internet y por qué los habilita a establecer relaciones, o dicho de otra manera: qué es lo que la sociedad y sus instituciones no le provee como para poder desarrollar una vida de relación plena más que a través de la pantalla protectora de la PC o el anonimato de un nick o la impostura más o menos ingenua, más o menos genuina, de un perfil de red social.

Daniel Adrián Leone

Del sujeto frente a la pantalla al sujeto apantallado

El «sujeto frente a la pantalla» no es necesariamente el mismo sujeto que el sujeto a resguardo de la pantalla. Nada más horroroso que una pantalla en blanco, y bien lo saben los diseñadores de páginas web quienes se cuidan del *white noise* más que de cualquier otra cosa al momento de diseñar un sitio; (podríamos decir, bordeando el chiste, tampoco es lo mismo el sujeto apantallado).

El «sujeto frente a la pantalla» siempre está al borde de la angustia. Si el sitio no le permite entrar (mecanismo que bien conocen todos los diseñadores-web), es decir, literalmente, si el sitio los deja fuera, de inmediato el sujeto corre el riesgo de rebotar hacia la realidad, sumergiéndose en angustia. Muchos usan este mecanismo como estrategia dado que pueden estar bien seguros de que si la persona no logra entrar en el sitio es obvio que buscará mucho más desesperadamente que antes entrar en algún otro, por ejemplo, en un sitio de publicidad al margen. Al usuario al borde de la angustia poco le interesa dónde, solo "sabe" que debe-entrar-en-algún-lado. Dicho de otra manera: el objetivo es "salirse de la realidad", resguardarse con la pantalla de la computadora de la hostilidad de la realidad exterior, de sus propios lazos afectivos y sociales, de su propia historia.

Acceder a Internet es acceder a un mundo de equivalencias donde todas las historias son igualmente falseables, donde todos los rostros pueden ser retocados, donde todo lazo puede ser establecido o

I. Introducción

deshecho con un solo clic indoloro, desestimable: uno puede cortar una relación y culpar al mouse, uno puede establecer una relación y aducir error.

El «sujeto apantallado» es, antes que nada, un sujeto desimplicado de sí-mismo, tanto de su realidad inmediata como de su realidad psíquica-afectiva: no importa cuantos amigos tenga en una red social, siempre puedo tener muchísimos otros en otra red o con otro perfil. El chiste es que puedo "tenerlos", contabilizarlos, darle puntaje, ordenarlos, cuantificarlos y luego, espiarlos, enterarme de sus acciones, contabilizar seguidores o rivalizar por ellos, sacar y poner amigos *prêt-a-porter* con un solo clic: el quid de la cuestión no es cuántos amigos o seguidores pueda tener en una red social sino que puedo desembarazarme de ellos o bien, fascinarlos, capturarlos con algún tipo de acción que no supone ningún riesgo, ninguna implicación; ya que no soy yo quien paga las consecuencias sino mi otro yo, ese yo que tan solo aparece en la red al cual puedo utilizar a mi antojo, incluso, cambiándole el nombre, los gustos, el sexo.

Alguien podría argüir que la realidad también es una «pantalla» o bien, que algunos lazos sociales funcionan de «pantalla» en el mismo sentido en el que describimos a la Internet, y seguramente quien arguyera de tal suerte tendría toda la razón: la primera pantalla son los padres.

Daniel Adrián Leone

La necesidad de pantalla y el sujeto en constitución

La «realidad inmediata» es para el niño pequeño algo intolerable, en la realidad no puede ser el superhombre que se ha figurado de sí; y por lo mismo, todas sus conquistas imaginarias caen abrumadoramente empujándolo a tener que reconocer su impotencia a pesar de haber crecido y no ser aquel bebé inerme incapaz de articular voluntad y esfuerzo mecánico para escapar de un besuqueo frenético del pariente de turno o de unas sombras amenazadoras; sin embargo, cae en la impotencia de tener que reconocer que la realidad no solo es un mundo diferente al mundo de sus fantasías sino que además, es un mundo exclusivo para adultos (sea lo que fuere que eso de "adulto" signifique). Dicho de una manera más clara: la realidad es un mundo proporcionalmente inverso al de sus fantasías, así como el segundo era un mundo hecho para él y a su medida, la realidad es un mundo hecho para cualquiera menos él.

Por lo tanto, el niño precisa que alguien "le haga de pantalla" frente a esa realidad completamente hostil y desfavorable, alguien que esté ahí, en medio, literalmente para mediatizar la realidad que lo afecta, atemperando lo hostil, potenciando sus actos y su capacidad de transformarla: solo con esta función indispensable de los padres el niño puede lanzarse desde sus conquistas en la fantasía a ir transformando poco a poco la realidad, para, literalmente, realizar sus sueños.

I. Introducción

La función «realización».

La función «realización» no es una función cualquiera: es la función que permite que un sujeto vaya materializando sus fantasías, moldeándolas, haciéndolas consistentes en el aquí y ahora, de manera tal de recrear la realidad exterior recreándose a sí-mismo. Lo que equivale a decir, el niño adquiere mediante la capacidad de realización, literalmente, la posibilidad de hacerse a sí-mismo en la realidad[1].

No debemos olvidar que durante mucho tiempo el niño no fue más que un producto de su fantasía, incluso de su "propio" cuerpo posee un doble registro, uno plenamente desarrollado conforme a sus expectativas (el cuerpo fantaseado) y uno que a duras penas se sustenta y obedece torpemente a algunas de sus órdenes básicas (el cuerpo biológico).

Así pues, si no hay algún otro (padre, madre, tutor, etc.) que haga de pantalla frente a la realidad, el niño se encapsula en la fantasía, se cierra sobre el sí-mismo que ha comenzado a forjarse en su psiquis, o bien, enferma de manera desordenada, compulsiva e

---

[1] Precisando el concepto desde una perspectiva psicoanalítica, deberíamos hacer la salvedad que cuando hablamos de "hacerse a sí-mismo en la realidad" estamos aludiendo a la realidad humana, realidad simbólica, esto es, a la apropiación de lo real (en el sentido lacaniano) por medio de la fantasía.

irracional de cuanta cosa le ofrezca mantener a la enfermedad como pantalla[2].

---

[2] Perspectiva interesante para tomar como punto de partida para investigar ciertos estados de enfermedad crónicos en niños, las afecciones psicosomáticas y la hipocondría.

I. Introducción

De la "adultez" a la "conquista de la realidad"

El adulto no posee las grandes ventajas –frente a la conquista de "la realidad"– que el niño le atribuye. El niño cree, mejor dicho, precisa creer, que aquel más grande posee las perfecciones de las que él carece y que, por tanto, es capaz de enfrentar lo "hostil de la realidad" y transformarla conforme a sus deseos: es lógico y entendible, su vida depende de ello.

Sin embargo, el adulto precisa también de pantallas que mediaticen la realidad y en especial, lo contingente de la realidad, es decir, aquello que se presenta fuera de toda lógica y fuera de toda previsión posible.

¿Qué sería de la historia (y el concepto mismo de sociedad) sin esta necesidad tan humana de "proveerse de pantallas" que le permitan avanzar hacia la realización personal superando aquello contingente que es vivido como un hecho "arbitrario"?

De hecho, estas pantallas "para adultos", estas pantallas sociales, no son otra cosa que lo que conocemos con el nombre de instituciones.

Sin las "instituciones" el ser humano carece de las pantallas mínimas para afrontar lo "contingente" de la realidad, (lo accidental de la misma). Por eso precisa de ellas, y por eso consagra a las instituciones gran parte de su poder-hacer, transfiriendo parte del valor afectivo de sus aspiraciones hacia la consolidación de un fin común que le permita alcanzar, por su intermedio, el objetivo básico de todo ser humano: la transformación más o menos lograda de la realidad conforme a la fantasía y al deseo que las sustenta definiéndolo como sujeto.

¿Qué instituyen las instituciones?

La pregunta es simple pero no por eso deja de ser una fuente inmensa de reflexiones. Algo instituye es seguro, no hay instituciones que no se inscriban en algún lado, puesto que no hay instituciones que no surjan de un lazo social y/o que no recaigan sobre algún lazo social. De buenas a primeras podríamos decir que la capacidad de instituir de las instituciones puede tener dos destinos básicos: o bien instituyen las condiciones para que un sujeto se realice como tal, por ejemplo, haciéndole de pantalla frente a lo contingente, proveyéndolo de herramientas para afrontar la angustia de impotencia y superarlas, etc. O, por el contrario, instituyen un modo de sujeto ideal para quien todo camino está allanado en detrimento de cualquier otro modo que el sujeto produzca para sí, y que, obviamente, desde el señalamiento institucional estará condenado a no alcanzar siquiera imperfectamente ese ideal.

Son dos destinos básicos pero efectivos y todas las instituciones se pueden clasificar según este simple criterio dual; a pesar de que, evidentemente, podríamos decir que muchas instituciones tienen por intención la primera opción aunque recaen posteriormente en la segunda, otras se degradan paulatinamente, pasando de un destino a otro, y algunas, las menos, logran revertir el segundo destino para consolidarse en camino al primero.

Pero, básicamente, las instituciones para con el sujeto poseen dos efectos: o habilitan al sujeto para que se desarrolle como tal; o

I. Introducción

bien, le imponen al sujeto un modelo-ideal a encarnar para acceder a la posibilidad de pertenecer a la institución y por tanto, gozar de sus habilitaciones[3].

En todo caso, la diferencia básica entre un destino y otro, respecto de la capacidad, valga la redundancia, de "instituir" de una institución provoca en todo sujeto dos «modos de relación» diversos en virtud de la institución que se trate y respecto de aquellos otros semejantes afectados por la misma institución: mientras los que se ven afectados por una institución destinada a instituir las condiciones para que el sujeto se desarrolle como tal, adquieren como modo de relación, lo que podríamos designar con el nombre de «lazo de implicancia»; los que se ven afectados por una institución destinada a instituir un modelo ideal de sujeto, adquieren como modo de relación «el lazo de pertenencia».

---

[3] Esto, dicho así, pareciera ser una digresión meramente en abstracto, pero, es fácil encontrar ejemplos... bastaría con que nos situáramos en la diferencia ostensible entre un club social de elite y un club barrial, por ejemplo. Para ingresar al primero, el sujeto debe alcanzar un ideal, adquiriendo cierta conducta más o menos previamente establecida, y solo en la medida en que encarna el ideal (relegando cualquier otro interés personal al exclusivo imperio del ideal) puede "pertenecer" al club social del que se trate, pudiendo gozar de ciertos beneficios; en cambio, en un club barrial, lo más probable es que el sujeto pueda expandir sus intereses personales, realizándolos, a través de la consolidación de metas grupales, sin tener que modificar de forma impuesta y coercitiva, su conducta, hábitos, etc.

Daniel Adrián Leone

Dos «modos de relación» familiares

«Pertenecer» a algo no es lo mismo que «estar implicado» en algo; el modo de relación «pertenecer» es un modo en el que el sujeto se relaciona de forma más o menos coercitiva en un modo pasivo y en estrecha dependencia a esa unidad mayor en la que encuentra su sentido de ser.

Por ejemplo, el niño pequeño aparece "como perteneciendo a los padres" por encontrarse sometido a una condición de impotencia general, dado su incipiente psiquismo y su precariedad biológica; es decir, no porque "elija" pertenecer[4] sino porque no le queda más remedio que hacer como si perteneciera a aquello en lo que está involucrado.

La imposición de las familias tradicionales de que cada miembro se someta a un conjunto de reglas más o menos arbitrarias y encarne un «modelo ideal» como cláusula para ser reconocido como alguien que pertenece a la familia es otro ejemplo cabal de lo que venimos desarrollando: no es por propia voluntad y deseo sino por el accionar de alguien que se arroga el derecho de imponer arbitrariamente (aunque se escude ser heredero de una tradición, o una moral propiamente familiar) de sanciones, castigos y reproches

---

[4] Y en esto deberíamos ser claros: nadie elije pertenecer, puesto que *no hay elección* en la que no entre en juego la posibilidad de ser, en la que un sujeto no esté, literalmente, implicado como tal.

I. Introducción

que el individuo (que está involucrado en esos primeros lazos sociales-afectivos) "elige" pertenecer[5].

El «modo de relación» al que le hemos dado el nombre de «(lazo de) implicación» supone grandes diferencias con el modo «(lazo de) pertenencia», fácilmente entendibles: la « implicación » es un modo activo en el que todo aquel que esté involucrado como sujeto es parte de la institución o grupo que lo nuclea y representa y por lo tanto, no es «objeto de pertenencia» del mismo.

Dicho de otra manera, mientras en la modalidad de «pertenencia», un sujeto se entrega como «objeto de pertenencia» –de forma más o menos literal y más o menos conscientemente– a un conjunto más extenso que lo incluye arrogándose el derecho de legislar sobre este más allá de las voluntades, aspiraciones y deseos del sujeto y tratándolo como un objeto en blanco que debe adoptar un cierto patrón de conductas y modos de hacer y relacionarse para ser tenido en cuenta como sujeto[6] –condicionamientos y sistema de premios y castigos mediante–, en la modalidad «implicación» es el conjunto más extenso que lo incluye lo que le "pertenece" al sujeto y

---

[5] Incluso podríamos llevar los ejemplos más lejos y adentrarnos en una situación mayor con solo observar el desdén con que muchos ciudadanos de un pueblo libre y soberano afirman "no pertenecer al Estado", tal y como si, el hecho de pertenecer fuera el único modo de relación posible y tal como si, el hecho de no pertenecer fuese una manera de superar la arbitrariedad y la impotencia.

[6] Es decir, encarnar el modelo de sujeto tenido por ideal para pertenecer a tal Institución según la legislación arbitraria de esta sobre lo que es y no es considerable un sujeto.

por tanto, tal institución es representativa del derecho del sujeto a construir su propio ideal, proveyendo al sujeto de las herramientas y las condiciones para que se desarrolle como tal.

En la modalidad de «pertenencia» el sujeto solo se ha involucrado como objeto en una relación de dependencia a una unidad más grande (institución) capaz de proveerle de una identidad subjetiva; en la modalidad «implicación», en cambio, el sujeto está involucrado como sujeto en la unidad más grande que lo provee no de "identidad" sino de las condiciones para desarrollarse y afianzarse como persona.[7]

Es decir, en la modalidad de «pertenencia» el sujeto no interviene como sujeto deseante, histórico y con capacidad y derecho de volición, –como en la modalidad de «implicación»– sino como objeto de sujeción, o sea, como ser enajenado de su propia subjetividad.

Para dejarlo bien en claro: en la modalidad de «pertenencia», la subjetividad que comporta un sujeto no es más que un obstáculo del cual el sujeto debe desembarazarse para adquirir otra subjetividad acorde al régimen institucional. Por lo que en todo lazo de «pertenencia» se pedirá más o menos gradualmente al sujeto que

---

[7] Podríamos profundizar esta diferenciación, desde el punto de vista de lo que pone en juego el sujeto en un modo de relación y en otro diciendo que mientras en la pertenencia el sujeto pone en juego lo que desearía *tener u obtener de otro*, en la implicación *el sujeto pone en juego su propio ser*.

I. Introducción

adopte un modo de sujeto ideal predefinido y estándar con el fin de que suprima –a medida de que encarna el modelo impuesto como ideal– sus propias producciones subjetivas (ideales, deseos, fantasías, pero también, modos de relacionarse, historia, etc.)[8].

El niño pequeño no pertenece a los padres, sino que está implicado en relación a estos, en tanto que los padres son para el niño el contexto de la realidad inmediata, la referencia de su realidad interior, y por lo mismo, fuente y sede de todo lazo afectivo posible.

Los defiende y les procura el mismo trato que quisiera recibir y por tanto, en todo momento, los trata como a un igual, incluso, igualándolos no a quien él es, sino a algo mucho más perfecto y grandioso: los iguala a lo que él quisiera ser, por eso, los dota de todos los rasgos narcisistas que él quisiera poseer, aún a riesgo de

---

[8] Este planteo puede resultarnos complejo a simple vista, sin embargo, bastaría con ver alguna de las cientos de películas de diversos géneros, particularmente las de origen estadounidense, que poseen como línea argumental el laborioso esfuerzo psíquico-afectivo que debe realizar un aspirante a un importante cargo en una empresa, cargo por el cual el aspirante a pertenecer suprime sus hábitos y costumbres, su relación con su propia historia (desarraigo cultural, familiar, etc.), para luego adoptar una identidad apropiada a las pautas pre-establecidas de lo que es un empleado de la empresa en la que aspira ocupar un gran cargo, etc.

Obviamente, podemos encontrar el ejemplo por todos lados, la diferencia radica en que es más fácil ver la alienación a través de un ejemplo ficcional que en carne propia.

reinventarlos, aun haciendo la "vista gorda" a sus defectos y miserias[9].

El niño procede, en este sentido, guiado por el amor, pero también por la necesidad de sentirse amado y protegido, es decir por la necesidad de sentirse en un lazo de reciprocidad amorosa.

Amor y dominio

Siguiendo este desarrollo, el lector atento fácilmente podrá suponer relaciones de correspondencia entre la modalidad «implicancia» y amor; y entre la modalidad «pertenencia» y el "ejercicio de dominio".

Toda persona que establece una relación de dependencia, sea porque se somete a esta, o porque somete a otro a la dependencia, está en pleno ejercicio de lo que podríamos llamar «pulsión de dominio» (así adopte una posición activa o pasiva respecto de esta).

Por el contrario, cuando se establece una relación de amor, el sujeto aparece afectado, desde el vamos, por una modalidad de

---

[9] Es decir, que el niño pequeño hace con los padres aquello que el sujeto hará posteriormente consigo mismo durante su vida adulta. Reinventarse una y otra vez, nada más que en vez de usar la plenitud de la fantasía exaltada de la infancia, tomará en su lugar recortes imaginarios que resultan de la combinación entre fantasías propias, mecanismos imaginarios sociales a los que se haya alienado en virtud de algún lazo y modo de lazo, social dominante; recorte a los que más adelante les llamaremos «Montajes».

I. Introducción

«implicación», ya que el lazo amoroso lo involucra como persona en la relación a un semejante, y en tanto, la relación de «implicación» es una relación entre semejantes, no hay manera ni interés de someter al otro puesto que al someterlo –de forma más o menos coercitiva–, estando como sujeto directamente involucrado en ese lazo afectivo, equivale a someterse a sí mismo. ¿Por qué? Porque ese otro, no es un otro cualquiera, ni un trozo de realidad exterior, ni un retazo del propio cuerpo, ni una extensión imaginaria de la fantasía individual, sino, propiamente, un semejante[10]. Dicho de otra manera: nada de lo que una persona haga sobre otro con el que está ligado por una relación de implicancia deja de afectarlo directamente[11].

---

[10] Semejante en el que se inscribe, sin embargo, un trozo de realidad exterior, que lo vuelve ajeno y familiar; un retazo del propio cuerpo, que lo muestra como proximidad y distancia; una extensión imaginaria que le imprime el rasgo de ser referencia de lo imaginario y lo real.

[11] Esta observación última es interesante puesto que nos pone sobre la pista de cómo funciona la pulsión y el ejercicio de dominio al advertirnos que una persona que establece una relación de dominio sobre otro no necesariamente debe estar involucrada en la misma.

Empatía e interés

Ahora bien, ¿en qué consiste esta modalidad de «implicancia» que actuaría como profilaxis contra la pulsión y el ejercicio de dominio sobre otro?

Podríamos decir que la forma mínima de la modalidad de «implicación» capaz de actuar como profilaxis contra la pulsión y el ejercicio de dominio sobre otro es el desarrollo de empatía.

El lazo de «empatía» actuaría de profilaxis contra la pulsión de dominio dado que en este lazo el otro es, antes que nada, un semejante y por tanto, un objeto privilegiado de interés y consideración que impide la expresión de la pulsión de dominio sobre otro, y conlleva a reorientar esta pulsión de dominio sobre uno mismo (sobre los miedos y la angustia propia, por ejemplo) en favor del lazo afectivo.

En cambio, en el lazo de «pertenencia», se da un fenómeno diverso: la persona restringe al mínimo posible todo desarrollo de empatía, sacrificándola al servicio del "dominio sobre el otro", entendido no ya como semejante sino como pura posesión: como puro objeto de uso e intercambio.

Se dirá, muy posiblemente, que hay circunstancias de la vida cotidiana en las que estas diferencias tan bien trazadas en el papel se desdibujan de manera tal que carecería de sentido trazar tal división.

En el "enamoramiento", por ejemplo, nadie puede asegurar que los sujetos no estén "implicados" en el lazo afectivo y tampoco nadie podría negar que nada les importa más a los sujetos en estado de

I. Introducción

enamoramiento que el hecho de pertenecer al otro y de que el otro le pertenezca.

Sin embargo –y sin negar lo descripto– es interesante reflexionar sobre tales afirmaciones que parecen un retrato cabal de la vida cotidiana, dado que, en el enamoramiento, (es decir, en esta fase previa al vínculo de amor), el partenaire, debe competir grandemente con el ideal al que el enamorado lo enfrenta momento a momento, al punto que más que relacionarse con el partenaire, el sujeto se relaciona con el ideal que se ha forjado del partenaire[12].

Así pues, podríamos decir que en el enamoramiento se presentan ambos modos de relación (implicancia y pertenencia) en pugna permanente, y dependiendo de cuál triunfe la relación avanzará hacia una consolidación de un vínculo amoroso, hacia la disolución del enamoramiento o hacia la persistencia inercial a las que se someten ciertas parejas en virtud de algún tipo de rédito psíquico, social y/o económico.

---

[12] Y este es un principio de explicación del porqué de las repentinas desilusiones respecto de la persona amada que "de repente deja de ser como era" cuando en realidad, asegura ser el o la misma. No es que haya cambiado necesariamente, sino que en algún punto y por algún motivo se ha desenganchado del ideal que le hemos impuesto para pertenecer a nuestro amor.

Daniel Adrián Leone

Un rendimiento psíquico llamado sensualidad

La sensualidad como modo de relación inaugura la posibilidad de "involucrarse" en un lazo afectivo como sujeto, dado que es la sensualidad lo que permite desde el vamos una primera implicación del niño pequeño: la implicación en su propio cuerpo, y posteriormente en su propio yo a desarrollar, concibiéndose a sí mismo como semejante a sus semejantes.

La sensualidad como modo de relación es un «modo de implicancia» puesto que permite que el sujeto en desarrollo pase de ser algo/alguien (que pertenece a un cuerpo y a una realidad inmediata) a ser alguien que está involucrado en un cuerpo y en una realidad inmediata como sujeto, es decir, como ser capaz de intervenir sobre ese cuerpo y esa realidad inmediata.

El niño pequeño se encuentra literalmente sujetado a su cuerpo, ya que se encuentra a merced de sus imposiciones biológicas y fisiológicas, al tiempo que se encuentra restringido en su capacidad de expresión a las limitaciones derivadas de esta sujeción y, por lo mismo, condenado a soportar pasivamente todo aquello que lo afecte de una manera u otra.

La conquista sobre el cuerpo se da cuando el niño puede sentirse involucrado en el mismo, esto es, superar la dualidad existente entre el esfuerzo por dar expresión a sus fantasías (y primeras aspiraciones) y las manifestaciones del cuerpo.

Esta primera implicación que le permite apropiarse de ese cuerpo al que se haya sujetado depende estrechamente de la acción de

I. Introducción

los padres y, particularmente, del modo en que estos se relacionen con sus propios hijos.

Si los padres establecen un modo de relación, mediante el cual se implican como sujetos para con sus hijos, desarrollando relación de empatía y capacidad para afectarse de aquello que le afecta al niño y ofreciéndose como «pantalla frente a lo hostil de la realidad», ayudándolo a superar sus impotencias, brindándole parámetros claros para distinguir fantasía de realidad, fomentando las condiciones para que el niño se desarrolle, realizándose como sujeto, el niño transitará ese paso de ser "pertenencia de su cuerpo" a "apropiarse" del mismo de la forma más llevadera y posible.

Cuando los padres, en cambio, establecen una "relación de pertenencia" para con el niño tal como la modalidad conocida como "sobreprotección" –u otras como la simbiosis o la indiferencia– este se verá mayormente afectado y es muy probable que desarrolle enfermedades de todo tipo que no son más que "signos de la impotencia" –y de la lucha contra la impotencia– en el trámite de hacer frente a la realidad sin otro semejante capaz de acompañarlo cabalmente en su conquista, sin someterlo en un lazo de pertenencia.

Sensualidad y sexualidad

Ahora bien, algún interlocutor atento podría, llegado a este punto, levantar contra este desarrollo una poderosa objeción y decir: "al principio has dicho que es la sensualidad lo que permite este paso de la pertenencia a la implicación y al hablar de los padres y los niños, la sola idea de sensualidad es lisa y llanamente obscena; ya que ¿cómo se podría concebir una relación sensual entre padres e hijos como una relación sana, capaz de habilitar al niño a desarrollarse como persona?"

Sin embargo, argüiría que tal objeción y su evidente validez, se sustenta en equiparar sensualidad a sexualidad, como si ambas manifestaciones humanas fueran la misma cosa; equiparación que estoy lejos de realizar en el presente ensayo.

La sensualidad como modo de relación es, a mi entender, no solo fácilmente diferenciable de la sexualidad sino que es además un fenómeno totalmente diferente.

Situamos la sexualidad en el estadio de la sujeción al cuerpo y por tanto del destino a consagrar todos sus recursos en aras de extinguir la tensión sexual mediante el coito (o cualquier otro tipo de actividad sexual), utilizando al otro como mero objeto[13] en el cual o a través del cual, extinguir la tensión sexual.

Es decir, el otro no es considerado un semejante (y por tanto objeto de interés y curiosidad) sino un mero objeto en un mundo de objetos igualmente equivalentes.

Situamos a la sensualidad en una fase posterior, en la que el sujeto, mediante el rendimiento de lo psíquico puede soportar la

---

[13] Es decir, un objeto de "valor de uso", completamente desechable y carente de cualquier otro interés fuera del trámite sexual de la extinción de la tensión sexual.

I. Introducción

tensión sexual e intercalar una pausa entre estímulo y respuesta[14], capaz de desviar la energía sexual de su fin propiamente sexual (la extinción de estímulos sexuales), manifestándose en afectos cuyo fin es "no sexual", tal como la ternura, la observación y el cuidado cariñoso, la curiosidad, el interés en la preservación, etc.

El porqué de la sensualidad

Nuestro interlocutor atento se puede asombrar en este punto que conservemos el nombre de «sensualidad» para este estado del que hemos derivado un modo de relación que no posee manifestaciones de caracteres sexuales, pero, podremos explicarnos con solo señalarle que la conservación del nombre sensualidad no es una mera formalidad y menos aún un antojo: por un lado, todos los afectos tiernos derivados del amor encuentran su raíz valorativa en una tensión sexual desviada de su fin sexual mediante la labor de lo psíquico. Por otro lado, el significado de la palabra sensualidad, implica la idea de afectación y más precisamente, la idea de estar involucrado en una afectación.

Esto es, no solo es algo que me afecta, sino que se trata de algo que me afecta de manera tal que no puedo dejar de sentirme y reconocerme afectado.

---

[14] Aprender a intercalar una pausa entre estímulo y respuesta, es sin duda alguna, *el mayor progreso psico-social del ser humano*, sin el cual, no podríamos hablar de lazos de amor, o de lazos comunitarios, ni propiamente de sujeto. Si hay algo definible como sujeto, es porque hay alguien capaz de soportar esa "primera discontinuidad".

Incluso con tono burlón se nos podrá decir que con ese criterio el dolor también pertenece a la "esfera de la sensualidad", dado que el dolor, como concepto, también implica una afectación que "me afecta de manera tal que no puedo dejar de sentirme y reconocerme afectado". Sin embargo, rápidamente podemos advertir que tal ocurrencia no es tan descabellada[15].

---

[13] De hecho, la sensualidad guarda un profundo lazo con el dolor en todos los sentidos de la vida: desde la relación propiamente sexual en el momento del coito por ejemplo, en el que los genitales llegan a un punto de excitación que producen sensaciones dolientes, al dolor del enamorado frente a la angustia de no ver a su amada o en un sentido más amplio, al dolor que despierta ver que alguien con el que estamos implicados en un lazo afectivo se encuentra pasando un mal trance.

Por lo que no solo se puede pensar la sensualidad y el dolor como formas más o menos equiparables desde el punto de vista de la implicación, sino que además, constituyen las dos formas, podríamos decir, primarias de implicación en un doble sentido: en tanto que se trata de las primeras formas de implicación que se registran y en tanto reinan posteriormente, en la vida de todo sujeto, estableciendo su primacía sobre cualquier forma de implicación posterior.

I. Introducción

Dolor y sensualidad: dos formas de implicación[16]

Dolor y sensualidad se pueden pensar como dos formas de la modalidad de «implicancia»: ya que, pase lo que pase, no nos duele aquello en lo que no estamos implicados[17] [18]. Incluso podríamos decir que el miedo al dolor, tan común en gran número de personas, es en parte, el miedo a tener que reconocernos implicados en un cuerpo y en una historia determinados[19].

---

[16] Cuando hablamos en este ensayo de "implicación", (es decir, de "involucrarse") en la que lo que aparece comprometido es el sujeto y su posibilidad de ser y realizarse, no estamos aludiendo a una acción que pertenezca con exclusividad a la esfera de lo consciente y voluntario, dado que la implicación posee componentes pertenecientes a las diferentes instancias psíquicas: consciencia, pre-consciencia e inconsciencia).

[17] En el uso del habla cotidiano en algunas regiones del mundo se usa incluso la expresión "me duele mi cabeza" reafirmando la implicación en el mí.

[18] De hecho, gran parte del talante doliente del existencialismo se podría pensar en el sesgo por el que venimos abordando el dolor, es decir, en su carácter de modo de implicación; el dolor de existir, en este sentido, cobraría el valor de ser el dolor de estar implicado en una existencia más o menos condicionada, restringida, limitada, etc.; incluso podríamos ver en esta declaración existencialista una re-edición de la angustia infantil frente a la coercitiva sujeción a un cuerpo de la que ya hablamos con anterioridad.

[19] La historia, en sentido psicológico, también es un cuerpo; posee bordes y discontinuidades que ignoramos por estar más allá de nuestros ojos, podemos cortarla y enmascararla tantas veces como queramos pero siempre y a pesar de nuestros esfuerzos termina por expresarse. Al igual que el cuerpo, es pasible de ser

En esta misma perspectiva podríamos considerar el fenómeno del "duelo", ejemplo cabal de lo que venimos desarrollando, dado que en el proceso del duelo, la persona se va des-implicando de una relación, punto por punto, retirando todo interés del mundo exterior y concentrándolo en la aflicción de tener que reconocer que la relación en la que uno está implicado ha perdido a su partenaire, tal como si lo psíquico pospusiera el veredicto de la realidad para darnos un tiempo extra en el que repasar todo lo vivido con esa persona, a fin de consolidar un acervo de recuerdos que nos permita seguir implicados de una forma más atenuada por un tiempo más.

La sensualidad también es una forma de «implicación»[20] porque en un momento dado, al sentirnos y reconocernos involucrados y afectados de diversas maneras (como unidad por diversos estímulos internos y externos), se produce un desvío de la atención desde la atención compulsiva en el otro (como objeto para

---

enmascarada por el lenguaje, negable y codificable, vaciada de contenido, etc., pero ninguna de estas operaciones le quita la eficacia de *ser ineludible*.

[20] Vale aclarar, sin embargo, sobre ambos «modos de implicación» que en el dolor prima lo que podríamos llamar una "implicación objetalizada del sujeto", puesto que, la implicación se restringe a la afectación que provoca el dolor sea físico o psíquico. Un ejemplo de esto puede ser el caso de los "hermanos en armas" es decir de las personas que establecen un lazo de empatía máxima mientras están severamente afectados por alguna circunstancia traumática, pero que pasada esa circunstancia el lazo de implicación es pasible de diluirse parcial o totalmente en un sentimiento de nostalgia o en un sentimiento de rechazo, tomando al otro como parte de la escena traumática de la que el sujeto se quiere desembarazar.

I. Introducción

extinguir la tensión sexual) a la persona del otro concebida como semejante, produciéndose así lo que podríamos llamar un interés erótico por la otra persona; posteriormente, ese interés erótico primero (que recae sobre todos aquellos que rodean al niño pequeño) se va desviando hacia otros fines no sexuales, desarrollando los afectos de ternura, cariño, amistad, etc.[21]

Decimos «interés erótico» puesto que las diferentes manifestaciones de Eros aparecen en juego: desde el deseo de una relación de exclusividad, a los celos y posesión, las efusivas manifestaciones de cariño (besos, abrazos, arrumacos), incluso, las primeras manifestaciones del «interés sexual» (ver debajo de las polleras, ir al baño con la madre o el padre o algún hermano mayor, invitar a otros niños a orinar juntos, a dormir en una misma cama, etc.).

Tomémonos unos instantes para marcar la diferencia existente entre interés sexual e interés erótico y digamos que hablamos de interés erótico refiriéndonos a cuando el interés de una persona recae sobre otro considerado como un semejante, y reservemos la expresión interés sexual al exclusivo interés que recae sobre la diferencia sexual, entre semejantes.

---

[21] Esta afirmación que puede sonar extrema es, sin embargo, fácilmente observable en la vida cotidiana: el niño pequeño no cesa de manifestar su interés erótico por las personas que lo cuidan, protegen, etc., así, no duda en afirmar que se casará con mamá pero también con la mujer que lo cuida por ejemplo, y es proverbial que el primer enamoramiento de muchos niños se da en relación a la primera maestra, nodriza, etc.

El miedo a la implicación en la infancia[22]

El miedo a la modalidad «implicación» en la infancia posee diversos matices y su intensidad se pone en juego en virtud de las relaciones que el niño tenga con sus padres y hermanos mayores (cuando la diferencia de edad los sitúa, a los ojos del niño, como adultos), pero podríamos decir que surge de forma manifiesta con las primeras exteriorizaciones de la primera conquista psicológica que el niño realiza al construir un mundo interno en el que es superior a todos los demás (sobre todo superior a sus padres).

El niño pequeño, en algún momento ha "realizado" en su fantasía la aspiración de ser potente[23], y más que potente, ha realizado la aspiración de ser el más potente de todos. Compensa así el niño –de forma imaginaria y gracias al rendimiento de lo psíquico–

---

[22] En este caso deberíamos precisar que cuando hablamos de miedo a la implicación en la infancia estamos hablando puntualmente del miedo a ser consciente de la implicación dado que la infancia se define por una implicación ineludible en cuerpo, historia y lazos afectivos; más adelante, el sujeto puede hacer *como si* no estuviera implicado, esto es, negar de forma consciente mediante alguna impostura y algún montaje el hecho de su implicación en cuerpo, historia y lazos afectivos. Esta implicación de la que hablamos es ineludible puesto que es lo que define a un sujeto como tal; dicho de otra manera: solo hay sujeto de la implicación en cuerpo y lazos afectivos, lo que equivale a decir, en su historia y más precisamente aún, en la historia de su subjetividad.

[23] La idea de que el niño aspire a ser "grande", *equiparando grande a adulto*, es una aspiración infantil de los padres y no del niño.

I. Introducción

su contrastante realidad en la que lejos de ser el más potente se experimenta, por el contrario, como si fuera el más impotente de todos, puesto que se comprueba como incapaz de disponer a su gusto de su propio cuerpo, de hacer uso efectivo del lenguaje, o de dominar realmente sus efusiones afectivas y las diversas operaciones de su psiquismo.

Así, en algún momento, el niño, en su necesidad de ser reconocido como sujeto potente y activo (recordemos lo que hemos reflexionado acerca de la necesidad de encontrar a algún otro en función de pantalla frente a lo considerado como hostil de la realidad), comienza lentamente a exteriorizar sus logros fantaseados como hechos indudables en la realidad.

Haciendo abstracción de cómo interpreten este hecho los padres (cosa decisiva, por cierto)[24], en algún momento el niño se siente culpable: en su mundo él es el más potente y el más sabio, estando incluso por encima de sus padres, por lo que se ha vengado de las pequeñas "grandes" afrentas que ha recibido cuando no se le ha cumplido su capricho, (o se le ha restado atención en beneficio de alguna otra persona o actividad), por lo que esas primeras

---

[24] Tópico que trabajaré en otro libro aún inédito, puesto que exige para realizar una mirada global al menos, un laborioso trabajo de exposición que excede grandemente las posibilidades de este libro.

exteriorizaciones de potencia conllevan al miedo de hacer en la realidad lo mismo que han ya ha "realizado" en la fantasía[25].

Podríamos decir que el primer miedo psicológico a la modalidad de implicación se manifiesta en la infancia y consiste en el miedo a las consecuencias de estar involucrado como sujeto en la propia potencia.

Este miedo se manifiesta en diversas maneras, por ejemplo, la fase de pesadillas que vive todo niño de forma más o menos intensa (y de forma más o menos sostenida en el tiempo), la enuresis y la pérdida del control de esfínteres, el desarrollo de enfermedades que los sometan a un estado de indefensión y que les procure un cuidado parental mucho más exclusivo y dedicado, la sobrecompensación culposa mediante el desarrollo de un cariño exagerado, y la descarnada autohumillación y desconsideración a sí-mismo (mostrándose como torpe, incapaz, rebelde sin causa, etc.).

Podríamos intercalar aquí lo que hemos desarrollado acerca del dolor y decir que el primer miedo a la implicación es el miedo a estar implicado en un cuerpo-que-duele, pero esta situación si bien cronológicamente es anterior a la fase que describimos

---

[25] En este punto es interesante ver como los niños en general atraviesan una fase "fabuladora" que se expresa en dos sentidos: el contar historias de sus logros más inverosímiles o en mostrarse como dueño de soluciones para conflictos que los padres no pueden resolver por un lado, y por el otro, lisa y llanamente, se expresa en el decidido interés de embaucar a los padres, "haciéndole creer que les cree".

psicológicamente, es posterior, puesto que en el momento en el que se imprime en el niño este miedo a estar implicado en un cuerpo-que-duele aún no hay un desarrollo suficiente de la consciencia ni de un yosoy[26]. Así, este miedo aparecerá más tarde, en la fase de la adolescencia en general, sobredeterminado por el miedo a la potencia, como veremos a continuación.

La adolescencia y el miedo a la autoafirmación

El "miedo a la implicación" en la adolescencia tiene una raíz previa al miedo a estar implicado en la propia potencia que (como en diversas circunstancias psicológicas) se expresa en un tiempo posterior. En lo que se designa como "entrada en la adolescencia" con el desarrollo del cuerpo y los caracteres sexuales, la implicación en el cuerpo (de la primera infancia) se actualiza al cobrar una intensidad insoslayable que le da primacía sobre cualquier otro tipo de implicación.

De niño había vivido tal como si el cuerpo real no fuera más que una extensión del cuerpo fantaseado, por lo que no había conflictos, pero conforme el crecimiento lo ratifica como un ser potente, o mejor dicho, capaz de potencia (no solo potencia sexual sino potencia en relación a la capacidad de disponer de sí mismo para

---

[26] En el desarrollo del presente ensayo, el lector podrá ver que aparecen los neologismos *"yosoy"* y *"yosoyasí"* en vez de la categoría más clásica de la psicología y particularmente del psicoanálisis, yo. Esta modificación se debe a la intención de mostrar y hablar del yo, tal como lo experimenta el sujeto, esto es, el yo siempre aparece ligado al soy y el ser a algún modo de ser.

cumplimentar su voluntad) se inscribe en el niño-adolescente un nuevo conflicto sobre la base de un conflicto anterior.

Frente al "miedo a la implicación" en su propia potencia de raíz imaginaria, el niño produjo maniobras evasivas destinadas a encontrar una solución que por fuerza no podía ser más que transitoria (pero la idea de tiempo que porta un niño pequeño es tan arbitraria y tan sujeta a su deseo, que "transitorio" y "para siempre" son expresiones que, para su fuero interno, no poseen significación alguna).

Tal vez descargó esa potencia exultante castigando algún animalito (o algún vecino o hermano menor), desviándose así de reconocer a los propios padres como destinatarios originales y evitándose la angustia de perder el cariño que precisa para sobrevivir o bien, la dirigió contra sí-mismo, desarrollando enfermedades, auto-mortificando su cuerpo de forma semi-consciente, o desarrolló un cariño exagerado para con los padres (sometiéndose puramente a su arbitrio) para sacrificar su potencia en aras del cariño parental, etc.; el tema es que junto al desarrollo del cuerpo y el apremio de una sexualidad más consolidada, lo que era tan solo una impostura de potencia recibe una fuerte validación por parte de la realidad: ya no debe figurarse como un gigante, lo es.

Para agudizar el conflicto –y en virtud de esta "repentina" validación de la fantasía de omnipotencia por parte de la realidad– el niño-adolescente revive, muy intensamente, la incapacidad para dominar su propio cuerpo que hubo de vivir de bebé, dado que su "nuevo cuerpo gigantesco" tampoco responde tan bien como él quisiera.

I. Introducción

Se siente demasiado extenso, se siente nuevamente incapaz de soportar la presión biológica de la sexualidad, etc., rememorando de forma afectiva (es decir, sin el contenido ideológico-explicativo del afecto) la condición de impotencia infantil, que sobredetermina y condiciona su concepción del mundo desde un matiz hostil-peligroso.

Así se establece el miedo al propio cuerpo (como sede de potencia), aunque ya desligado de la idea originaria que justificaba tal miedo a la potencia (es decir, la aspiración a castigar a los padres); miedo que se va a consolidar entrando en pugna con el deseo de autoafirmación del yo propio de todo adolescente en el período mal llamado "de rebeldía sin causa[27]".

Podríamos decir entonces que, dependiendo del apoyo y del acompañamiento parental que disponga el adolescente, puede triunfar sobre estos miedos a la implicación en su propia potencia o bien desarrollar una forma más densa del mismo miedo cristalizándose

---

[27] Hablar de una "rebeldía sin causa" o simplemente de una "rebeldía", pone de manifiesto una profunda ignorancia del acontecimiento psicológico que subyace y sustenta a este período y de las consecuencias del mismo para el desarrollo del sujeto como tal; más bien habría que decir que es el período de exacerbación ética en el que el joven sujeto reclama a sus padres el derecho a ser considerado como un igual, derecho que cuando no es lisa y llanamente suprimido es "dulcemente" desestimado, y solo de muy mala manera concedido en la regularidad de los casos, cuando el joven accede a la familia propia o a algún trabajo importante, etc.

directamente en un miedo a la autoafirmación del yo y al desarrollo personal[28].

La necesidad de pertenecer

En cierto momento de la adolescencia, el adolescente parece sufrir un extraño apremio que lo empuja a pertenecer a tantas «identidades de pertenencia» como pueda y a un mismo tiempo. Así, a sus primeros grupos de amigos se le agrega la necesidad de formar parte de alguna masa ideológica, exacerbándose una conducta de devoción infantil, respecto de diversos ídolos para con los cuales establece una relación de fidelidad absoluta.

De repente todo su interés aparece subsumido a un fuertísimo polo de atracción, que prácticamente lo inhabilita para desarrollar interés por cualquier otra cosa, incluso, por sí mismo.

Se vuelve más descuidado y hosco para con su propia familia y es incluso probable que sea en ese momento que rompa con algunas de sus más preciadas amistades infantiles y llegue a tomar una actitud de desafío contra la autoridad de los propios padres, maestros y otros subrogados parentales. Lo que nos lleva a preguntarnos: ¿qué ha

---

[28] Material sumamente frecuente en las ideas obsesivas, articuladas entre mandatos, infracciones-delitos, –y actos de constricción propio de las personas afectadas de neurosis obsesiva–, expresadas en fórmulas tales como: "si sigo mirando aquella mujer, cada vez que voy a trabajar, mi padre morirá".

I. Introducción

pasado con el niño devenido en adolescente? ¿Por qué se comporta de esta manera?

Si descartamos la humillante hipótesis de "la rebeldía adolescente" [Ver nota 27] –hipótesis que ha sido tomada como eslogan de desestimación y explicación comodín para cuanta cosa haga, diga o piense un adolescente conformando una verdadera ideología con nefastas consecuencias en la vida cotidiana– podemos suponer que por un lado lo que "ha pasado" es que ese niño devenido en adolescente reclama lo que le hemos prometido: le hemos dicho que nos hemos reservado la obligación de tratarlo como a un igual para cuando sea más grande y que hasta entonces, debería pagarnos con tributos, sumisión y cariño supremo. Pues bien, el niño ha crecido y en la gran inmensa mayoría de los casos ha pagado de forma excesiva, por lo que quiere su recompensa; por otro lado, podemos entender que ese sujeto en desarrollo precise conformarse una historia propia, potente, basada en su propia autodeterminación y que para ello, debe ser capaz de legislar sobre sí mismo, adquirir una posición frente a la vida que lo haga independiente de sus padres y más que de sus padres, independiente de la posición «hijo».

Así pues, es comprensible que el niño devenido en "adulto" rehúse volver a tomar como "referencia manifiesta y unívoca" a sus padres, y que busque en la sociedad sustitutos proveedores de referencias que estén a la altura de esos padres idealizados que gobernaron su realidad desde niño.

La consagración a un ídolo, sea un cantante de rock o un fetiche de madera, siempre ha tenido y tiene un mismo sentido: la unción a un ser ideal capaz de dar referencias de cómo constituirse en un ser ideal mediante una suerte de filiación fundante y auto-referencial. Tal como si se dijera a sí-mismo "soy yo quien elijo quienes serán mis padres" (Es decir, mi origen y referencia).

Es incluso conmovedor entender esta idea puesto que, si se entiende realmente, se verá que la veneración al ídolo no es otra cosa que un sustituto para (conservar en otro lado) la veneración a los padres, y la aspiración de convertirse en un ser ideal no es otra cosa que intentar transformarse en un igual a los padres idealizados.

La "herencia" de los conflictos infantiles

Ahora bien, este «miedo a la implicación» no es privativo de los adolescentes y los niños. De hecho en los llamados "adultos" también podemos observarlo pero no en el mismo estado que en las fases anteriores del desarrollo subjetivo.

En el niño y en el adolescente el «miedo a la implicación» tiene una fuerte argumentación consciente (por más que su fundamento último sea de naturaleza inconsciente para el sujeto y, por tanto, más o menos inaccesible): niños y adolescentes sabían explicar con mayor o menor argumento el porqué de tal miedo (por más que no ahondaran en el sentido original del mismo, por más que no fuera del todo válido su razonamiento); además, el miedo como formación mixta de sensación y contenido ideológico-explicativo se manifestaba de manera conjunta e indudable.

En el adulto, en cambio, este miedo cobra un nuevo destino manifestándose la mayoría de las veces escindido entre su componente afectivo y su componente ideológico-explicativo; destino

I. Introducción

que depende del tratamiento, de la manera y la actitud con la que el adolescente haya enfrentado este miedo y cómo lo haya resuelto.

Así, puede suceder por ejemplo, que el adolescente haya aprendido a "convivir" con el miedo (particularmente en caso de un entorno familiar-social que fagocite en él la posición pasiva) y por tanto, lo haya integrado como rasgo de carácter en su personalidad; o bien, que se haya defendido mediante la actitud de revestir con indiferencia todo aquello que lo acerque a su objetivo de autoafirmación de sí y desarrollo de sus potencialidades de manera que el miedo aparezca como una conducta automatizada inasequible a la reflexión consciente.

También puede pasar que ese miedo haya sido intelectualizado mediante un razonar compulsivo sobre sus raíces y consecuencias por lo que se haya provocado una escisión entre sensación y contenido ideológico-explicativo, transformándolo en certeza intelectual al último e integrando la sensación asociada al miedo a un sistema afectivo-defensivo, por ejemplo, contra todo aquello que ponga en duda sus razonamientos, etc.

En general, podemos decir que, cuando ni la familia ni las otras instituciones sociales proveen al sujeto de las condiciones para desarrollarse como tal (sin imponerle de forma coercitiva la adopción de un modelo de sujeto ideal), lo más que el adolescente puede hacer con este miedo es enmascararlo de alguna manera; integrándolo al carácter, repitiéndolo como conducta automática, transformándolo en un apuntalamiento ideológico para un fin defensivo o bien, entregarse al miedo sea para combatirlo o para aceptarlo pasivamente mediante la resignación.

Sea como fuere, en el adulto "el miedo a la implicación" en la propia potencia y en la autoafirmación de sí aparece revestido y enmascarado por diversas certezas, discursos, o mandatos en los que se encuentra alienado.

Puede haber hecho del contenido ideológico-explicativo del miedo la piedra angular del yosoyasí y suponerse una persona modesta o indiferente, por ejemplo; o puede que haya desplazado el contenido de este miedo, proyectándolo sobre algunas de las fuentes de temor socialmente aceptadas como el destino, la muerte. Puede que el contenido ideológico-explicativo lo haya desbordado intelectual y/o afectivamente y que se haya constituido en una cosmovisión (más o menos delirante) y que se haya transformado en una manera de entender la vida y se manifieste desde una óptica definible entre un sensación de pesimismo y una actitud general de desapego y abulia respecto de la vida, etc.

En este sentido, muchas instituciones y discursos sociales se han constituido sobre la base y la eficacia afectiva de este miedo a la autoafirmación de sí y a la implicación en la propia potencia[29].

Pero no solo eso: este miedo a la autoafirmación de sí, inspirado en el miedo a sentirse implicado en la propia potencia y por extensión, el miedo a la propia vida psíquica, ha conllevado a una

---

[29] La doctrina de la modestia y la humildad, es un ejemplo cabal, de cómo se ha proyectado socialmente como ideología este contenido ideológico-explicativo que el niño ha asociado al miedo a sentirse implicado en su propia potencia.

I. Introducción

desnaturalización del hombre y a un extravío permanente del mismo, en la búsqueda de un sentido para su existencia más allá de sí-mismo.

II. El sujeto de mercado

II. El sujeto de mercado

Clave de acceso: encarnar el ideal

«El niño sabe darle razón a todo lo que acontece»
Sigmund Freud.

A simple vista, el «sujeto del mercado» es un sujeto de alienaciones, montajes e imposturas como cualquier otro sujeto; la diferencia radica en que los montajes, las imposturas y el deseo que anima al «sujeto del mercado» no se han forjado en el marco de una subjetividad sino en algún laboratorio con el fin de lograr ciertas respuestas y conductas si no automatizadas en un ciento por ciento, sí, más o menos predecibles.

Es decir, todo sujeto porta alienaciones por la sencilla razón que todo sujeto está inmerso en lazos afectivos y en lazos sociales de manera más o menos inconsciente, por voluntad, deseo o coerción. Aunque, en rigor, el «sujeto del mercado» no es propiamente un sujeto sino un modo de sujeto instituido como sujeto ideal[30], con el cual, todo sujeto debe equipararse, medirse y evaluarse de forma más o menos compulsiva, permanentemente, como para sentirse "dentro" de la identidad de pertenencia llamada "mercado".

Lo que conduce a que la "realización personal" se vea drásticamente reducida a un conjunto de acciones destinadas a equipararse con el ideal y evaluarse en función del mismo,

---

[30] Ver en el capítulo anterior ¿qué instituyen las instituciones?; y el concepto de modalidad de «pertenencia»

estableciendo una ecuación de proporcionalidad y equivalencia que podríamos describir de la siguiente manera: "cada vez que me acerco al ideal-de-sujeto propuesto por el mercado me "realizo" como sujeto, y cada vez que me alejo del ideal-de-sujeto propuesto por el mercado me "degrado" como sujeto".

Obviamente se trata de una lógica errónea.

De hecho, nadie puede concluir que cuanto más se extravía en el intento de encarnar una forma completamente ajena a su subjetividad más se "realiza" como sujeto; sin embargo, que la formulación lógica de este razonamiento cuasi-delirante sea errónea no quiere decir que no funcione y mucho menos aún que no goce de una altísima aceptación.

Podríamos suponer que "es la acción del mercado" lo que forja esta suerte de locura *prêt-a-porter*, pero eso implicaría básicamente creer que "el mercado" no solo existe como realidad concreta, sino también como sujeto capaz de sostener una voluntad y un interés de dominio sobre otro, lo que equivaldría a realizar una lectura psicótica de la realidad.

Cuando hablamos de "el mercado" estamos haciendo una terrible abstracción y otorgándole una psicología antropológica a un conjunto heterogéneo de realidades que nada tienen en común más allá del intento de reunirlas en un conjunto bajo el rótulo "mercado". Es decir, cuando realizamos esta operación mental, no estamos haciendo otra cosa que lo que hace el niño al intentar darle compulsivamente algún contenido ideológico-explicativo a sus miedos –y más precisamente– a todo lo contingente y arbitrario capaz de caer sobre él.

El mercado y las elucubraciones infantiles

«El niño sabe darle razón a todo lo que acontece», reflexiona el buen Freud en algún momento. No es una reflexión teórica o meramente especulativa, por el contrario, se trata de una observación directa de la vida cotidiana. El niño puede soportar un mundo ilógico, irracional, es más, todo niño puede vivir en un mundo decididamente loco, pero, ningún niño puede vivir en un mundo no-razonable[31].

Las elucubraciones intelectuales son para el niño la única forma de soportar la realidad que se le presenta con un signo de hostilidad, (hostilidad que se gesta, en parte, sustentada en lo intolerable que le resulta cualquier tipo de aplazamiento entre necesidad y satisfacción, y en parte, por su incapacidad de transformar en potencia sus aspiraciones y deseos).

---

[31] El sin-sentido es algo perfectamente soportable para el niño, pero, solo mientras puede atribuirle, valga la redundancia, algún sentido, incluso, un sentido completamente absurdo e incoherente; la psiquis del niño en este punto, no exige cordura, sino cobertura. Es decir, que el sin-sentido se enmascare de alguna manera, no importa cual.

Vale por ejemplo, la dichosa historia de la cigüeña: no se trata de que el niño crea o no crea en ella. Simplemente *le sirve* en algún momento por eso la tolera llegando incluso a defenderla, y a engrosar su pobre argumento con ficciones propias. Pero, ni bien este encubrimiento cedido por los padres, deja de serle funcional, no dudará en devastarla con el mismo entusiasmo con que poco tiempo antes, la defendía.

Así, el mundo que se quiera imaginar, incluso el más terrible y truculento, es para el niño perfectamente digerible siempre y cuando pueda enmascararlo con sus elucubraciones intelectuales y encontrarle (mediante las mismas) algún sentido consistente que explique la realidad, aunque sea de manera delirante[32].

Si entendemos esto, podremos comprender que para el niño no hay nada con mayor capacidad para desgarrar su tejido razonante que todo aquello contingente y arbitrario que se le presente de forma descarnada.

Este es uno de los grandes motivos por lo que un niño, incluso un niño muy pequeño se ocupa de someter a su consideración –con pasión científica y devoción metafísica– los grandes planteos existencialistas de la humanidad.

No estamos diciendo que todo niño se interese por planteos existencialistas como "la vida y la muerte", sino algo mucho más preciso: es más que seguro que al niño no le interese en lo más mínimo los planteos existencialistas, pero, sin duda alguna, se ha ocupado en algún momento de ello, explicándoselo mediante la conformación de algún relato más o menos coherente.

---

[32] El hecho de que el niño no puede vivir "sin explicaciones", debería ser una observación directa de la realidad e indudable para todo tipo de profesionales que "trabajen con niños" y, sobre todo, para los propios padres, pero, en general, no solo no se entiende sino que se mal entiende, aprovechando esta circunstancia propia de la infancia para establecer una relación de poder y dominación.

II. El sujeto de mercado

(Para dar expresión a esta explicación puede haber recurrido a cuestiones religiosas o científicas, pero también, a cualquier observación de la realidad que le permita forjar un relato más o menos coherente y articulado sobre el tema)[33].

La construcción imaginaria designada con el nombre "el mercado" que aparece como si fuera una realidad ligada a un ser, no es más que una re-edición de una de estas elucubraciones infantiles que permite sosegar el espíritu, anulando la angustia frente a lo contingente y lo arbitrario, mediante una explicación más o menos articulada sintácticamente y sostenida gracias a revestirla de una

---

[33] Y en la vida cotidiana abundan ejemplos de esto: basta con que escuchemos a los niños pequeños hablar entre sí, a escondidas de los adultos, cuando se animan a exponer sus certezas sin temor a la censura o a la burla de los padres y los adultos en general: cuánto ganaría la humanidad si padres y maestros en vez de manifestar su angustia frente a la expresión infantil (que han debido re-elaborar de adultos) se concentraran en escuchar generosamente a los niños en sus expresiones más íntimas. Lo importante de esta observación es retener la idea de que el objetivo de las "elucubraciones infantiles" no es tanto lograr una explicación distinta a un relato. Dicho de otra manera: todo lo que el niño pueda relatar (en el amplio sentido de la palabra, es decir, contar y articular mediante un relato), no es susceptible de generarle angustia alguna. Por eso, cuando un niño y posteriormente, un adulto cae en angustia, se ve privado de la posibilidad del relato como la primera manifestación. De aquí podemos derivar la máxima freudiana respecto de la "interrupción del habla" del paciente. No es el habla por el habla misma lo que interesa al psicólogo, sino, la interrupción del relato. Podríamos decir: cuando el relato se fragmenta en el habla estamos frente a una poderosa resistencia que se eleva frente a un agente angustiante.

fuerte valorización afectiva, elevándola a la condición de «certeza» universal y por tanto, inapelable.

Basta con que preguntemos a un niño pequeño sobre cualquier cosa capaz de despertar una mínima angustia para encontrarnos con certezas universales e inapelables; si a un niño se le antoja que la madre ha de concebir a su hermanito "por haber comido ravioles un día jueves", no importa cuánto se lo cuestione, ni cuánta información se le provea para demostrarle su error de apreciación, lo seguirá afirmando incluso contra toda evidencia[34].

¿A qué llamamos "mercado"?

El vasto conjunto de realidades disímiles y heterogéneas a las que reunimos bajo el rótulo "mercado" lejos está de ser propiamente una estructura articulada y capaz de actuar de consuno, a pesar de que, en diversas ocasiones, no podemos dejar de pensar que en realidad, se trata de una suerte de "ser" con voluntad y aspiraciones propias.

En general, cuando hablamos de "mercado" ni siquiera estamos aludiendo a algún fragmento de este conjunto de realidades disímiles y heterogéneas sino más bien daría toda la sensación que

---

[34] Es interesante aclarar que esta actitud no es en el niño, un signo de ignorancia por más descabellada que parezca la certeza que se empeña en acuñar; todas estas certezas tienen algún componente de verdad histórica; en general, lo descabellado de la certeza, tiene que ver más con la incapacidad de los adultos de entender lo que el niño representa con lo que dice y/o captar lo que el niño escamotea en su decir.

II. El sujeto de mercado

nos referimos a un mero "hecho de lenguaje", es decir, cuando hablamos de "el mercado" no estamos aludiendo a otra cosa que a un nombre al que le atribuimos existencia, leyes y conductas.

De hecho, las realidades concretas y materiales que subyacen al nombre "mercado" no son tenidas en cuenta más que de forma imprecisa y forzosamente distorsionada desde el enmascaramiento que se produce de las mismas a través del lenguaje, mostrando a las diversas realidades tal como si fueran perfectamente representables por algún atributo-nominal en un esquema de atribuciones-nominales.

Es más, y si me permiten jugar con la idea, podríamos decir que "la primera ley del mercado" –como esquema referencial de atribuciones-nominales– la podemos enunciar asegurando que *todo es nominable*, lo que equivale a decir que todo es pasible de ser nombrado y por lo tanto, pasible de ser incluido en una nómina que comporte como única característica ser la nómina de nóminas, lo que lleva a concluir que a partir de esta ley, no hay diferencia, puesto que cualquier realidad nombrada –en tanto que es reductible a un atributo-nominal– es perfectamente idéntica a cualquier otra, igualmente nominable.

Dicho de otra manera, la expresión típica "todos tienen su precio" no indica otra cosa que todos son igualmente reductibles a algún atributo-nominal y, por lo tanto, todo es equiparable.

El mercado como referencia unívoca y universal

El mercado como esquema de referencia universal de atributos-nominales es básicamente una cosmovisión (por cierto, de naturaleza infantil), esto es, una concepción de mundo y de sujeto que se arroga el derecho a elevarse por encima de cualquier cosmovisión, dado que se parte del supuesto de que el "mercado" es la única "cosmovisión" que se presenta como siendo capaz de nombrarlo todo, y por lo tanto, se arroga el derecho de legislar (validar y rechazar) sobre cualquier concepción de mundo y de sujeto, sometiendo a cualquier manifestación a sus leyes de oferta y demanda.

Definamos un poco mejor la idea.

"El mercado" se presenta en forma de esquema y no de estructura por ejemplo, por la simple razón de que su única ley implica incluirlo todo, literalmente a cualquier precio, de manera tal de que ese todo no lo incluya; es decir, el mercado tal y como se presenta, aparece como si no poseyera una lógica acabada y reconocible, es más, se presenta como si no tuviera siquiera un conjunto de relaciones mínimas.

Entonces, "el mercado" al aparecer tal como si pudiese incluirlo todo excluyéndose del todo, se comporta como si fuera una referencia unívoca de atributos-universales, dado que todo, incluso aquello que aún no existe y que es probable que jamás exista, posee ya su nombre o al menos, la posibilidad de ser nombrado e incluido en alguna de sus nóminas, y al mismo tiempo le es negada la posibilidad de constituirse en una unidad superior capaz de incluir al mercado. Es decir, el mercado puede presentarse como el gran ordenador solo a condición de ser, literalmente, nada de nadie para todos.

Ahora bien, debemos hacer dos salvedades fundamentales en este desarrollo antes de continuar: por un lado, estamos hablando de la forma actual del mercado que difiere en parte de la forma primitiva del mismo (la que enuncia y denuncia tan cabalmente Karl Marx); por otro lado, las realidades que subyacen oprimidas y restringidas a un atributo-nominal –tras haber sido incluidas en algún tipo de nómina– nada tienen que ver con el mercado como concepto y más que concepto como concepción.

Daniel Adrián Leone

El mercado como ficción delirante

"El mercado" como montaje re-ordenador universal no es más que una ficción de naturaleza más o menos delirante y nada tiene que ver con las realidades que lo subyacen; esto no quiere decir que no incida sobre las realidades de forma concreta y real, sino que no aparece implicado en esta incidencia; de hecho, esta es la segunda ley de oro del mercado como ficción delirante: *no hay implicación posible más que en apariencia, solo hay posibilidad de pertenencia a un atributo-nominal.*

Así, el mercado puede presentarse como si fuera un ordenador universal simplemente porque *no hay nada en el universo que lo implique*, y al mismo tiempo –y siguiendo la misma lógica delirante– *no es concebible desde la validación a su pretensión de ordenador universal que exista algo en el universo que no le pertenezca*, en tanto que posee la facultad de nombrar y de incluirlo todo en nóminas, puesto que se sostiene en la certeza de que todo es igualmente reductible a un nombre-atributo capaz de ser dicho por él[35].

Digo en definitiva que el mercado es una construcción delirante por la sencilla razón de que *toda construcción delirante se*

---

[35] Por ejemplo, hoy en día, la palabra "indignado" enmascara y sustituye a través de los medios de comunicación, a todo un conjunto de realidades disímiles, de diferentes regiones, comunidades y actores sociales difícilmente reunibles como intercambiables sino fuera por la facultad conmutativa de equiparación que provee el lenguaje al tratar y reducir la realidad a algún nombre.

II. El sujeto de mercado

supone y arroga el derecho de legislar sobre la atribución de existencia y todas estas atribuciones funcionan en virtud de «certezas incuestionables» que enmascaran (es decir que encubren, niegan y sostienen a un mismo tiempo) algún fragmento de realidad.

Las «certezas universales» que sostienen al "mercado"

Las «certezas universales» sobre las que se sustenta esta ficción delirante a la que llamamos "mercado" son sencillas de descubrir en realidad, al menos, desde esta versión actual del mercado, en la que se presenta al desnudo, tras haberse despojado poco a poco del montaje capitalista tradicional destinado a encubrir las relaciones de fuerzas que lo constituyen.

La primera certeza fundamental sin la que no se podría siquiera concebir –y menos aún sostener– esta construcción delirante llamada mercado la podríamos formular diciendo *"nombrar es igual a dar existencia"*, certeza que tendría su reverso en la idea de que *"variar el nombre es lo mismo que variar la existencia y/o las condiciones de existencia"* y su correlato en la certeza de que *"no hay existente que no sea nombrable"*.

Con esta primera certeza, la construcción ficcional penetra decididamente hacia el delirio, ya que equivale a suponer que *"todo aquello que no nombro no existe"* y que *"todo aquello que existe, existe si y solo si, alguna vez lo he nombrado"*.

La segunda certeza fundamental, que se engarza a la primera, es: *"solo yo me puedo nombrar y por lo tanto, dar existencia a mí mismo"* certeza que encuentra su reverso en la fórmula *"yo solo poseo los atributos que yo me atribuyo, por ejemplo, el no poseer atributo alguno"* y su correlato en la certeza *"yo soy el origen de todo, puesto que todo, si existe, existe porque yo lo he nombrado".*

Las «certezas delirantes» del "mercado" a la infancia

Si reflexionamos sobre las «certezas» en las que se sustenta "el mercado" como construcción delirante veremos que no nos resultan tan extrañas a la vida cotidiana y que podemos encontrar en el niño pequeño unas certezas análogas con solo reflexionar un poco sobre su psicología.

El niño encuentra en su psiquismo el primer acceso de escape frente a lo hostil de su realidad inmediata, desarrollando así, en su imaginación, todo un mundo re-ordenado en el que él se erige como referencia absoluta y universal para todo lo existente.

Huye de todo aquello displacentero e intolerable, por lo tanto conforma su mundo imaginario exclusivamente con todo aquello que le depara placer o con todo aquello que le depararía placer si le fuera accesible, por lo que, literalmente, en su mundo imaginario, todo lo que existe, existe en tanto él lo ha (re) nombrado, dándole nuevos atributos.

A esta suerte de mundo imaginario el niño lo ha "fabricado" a su medida y arbitrio, por lo que, sin exageración alguna puede aseverar el niño que *es él mismo el origen del mundo y que nada existe en ese mundo si no fuera por su deseo, por lo tanto, él puede*

II. El sujeto de mercado

hacer desaparecer de su mundo a objetos, personas, etc. quitándole literalmente su existencia, etc.

El sustrato psicológico de la ficción "mercado"

Si hemos dicho que "el mercado" como ficción social no es más que una construcción delirante, y si hemos incluso podido entrever un paralelismo entre la vida imaginaria de un pequeño y las certezas en las que se sustenta la idea misma de mercado, no podemos menos que asegurar que hay un sustento psicológico para la construcción imaginaria que llamamos "el mercado"[36].

Ahora bien ¿en qué consistiría ese sustrato psicológico?

De entrada debemos aclarar una cuestión fundamental: el mercado como ficción no es una construcción delirante de las clases dominantes, ni de las clases oprimidas, ni de las clases que deambulan oscilando entre opresoras y oprimidas sin consolidarse jamás en una posición decididamente antagónica. Tampoco se trata de una construcción delirante de un solo hombre o de un pequeño conjunto de personas como podrían sostener los "conspiranoicos"[37]; esto es sencillo de entender, basta con remitirnos a todas aquellas ocasiones

---

[36] Para dejarlo en claro, recordemos que decir que "el mercado" es una construcción imaginaria-delirante no quiere decir que no tenga incidencia sobre las realidades que subyacen a este, sino, muy por el contrario, implica entrever algo de la naturaleza de esas incidencias.

[37] Según la feliz expresión de Pablo Solomonoff, licenciado en Letras, estudioso de la Ciencia Ficción, recibido en la escuela de letras UNR (Rosario, Argentina).

en las que algún gurú empresarial ha intentado poseer el mercado, ubicándose delirantemente en el lugar imaginario: "soy el mercado".

Poco tiempo le dura tal victoria imaginaria; mucho antes de que pueda regodearse con la supuesta posesión del lugar "uno" (unívoco y universal) aparecen "competidores" que lo hacen tambalear del trono.

Tampoco las empresas pueden constituirse como dueñas de la ficción social a la que llamamos "mercado" más que de una forma parcial (por más poderío que posean): hagan lo que hagan jamás podrán dejar de estar sujetas a las leyes de oferta y demanda, cosa que se ve en la actualidad, con el fuerte cimbronazo que han recibido todas las estructuras monopólicas de manifestación explícita y fácilmente reconocible[38].

Recordemos que hemos enunciado que "el mercado" como ficción social se sostiene como identidad gracias a aparecer *tal como si fuera nada de nadie para todos* y es en esta identidad en que reside su eficacia, lo cual tampoco es difícil de figurárnoslo: basta con recordar que una de las mutaciones más fundamentales del mercado – que señalaron el progresivo desapego del montaje capitalista tradicional– es haber constituido sociedades anónimas, cosa impensable en la primera fase de constitución del régimen capitalista,

---

[38] Es por esto que las estructuras monopólicas que subsisten y se desarrollan grandemente no son aquellas que acumulan mayor poder solamente, sino aquellas que saben "actuar desde las sombras".

II. El sujeto de mercado

en la que cada empresario, ponía todo su orgullo y ser en juego en el acto imaginario de darle su rúbrica a una empresa[39].

En la primera fase del montaje capitalista –y por tanto en los albores de la construcción del mercado universal– la atribución siempre era privilegio de algún sujeto elevando a la condición de ser capaz de "proveer existencia" (y mejor dicho aún, "de proveer existencia al legitimarla con su rúbrica); el capitalista era aquel que le daba existencia a su empresa, pero también capaz de proveer existencia y sentido de existencia a sus empleados.

Por último, seamos claros y desanudemos un hecho fundamental: el "mercado" en sí como ficción social no produce nada ni tiene capacidad para producir nada ni tiene "deseos" de producir nada, puesto que su única función es *ser una referencia universal para un conjunto de atributos igualmente intercambiables*. Podríamos decir que el mercado ni siquiera produce los atributos con los que opera, solo se limita a administrarlos re-organizándolos mediante la nominación e inclusión en nóminas.

Así, el sustrato psicológico del "mercado" básicamente no puede ser más que algo que afecte a una gran parte de la humanidad más o menos por igual y que se proyecte hasta consolidarse en una forma social; esto es, algo que cumpla la condición de haber sido muy sobrevalorado en alguna época, intolerable y por lo tanto rechazado en alguna otra, y posteriormente, añorable.

---

[39] Lo que podríamos llamar concepción animista del mercado en tanto ficción social, como fase previa y contrapuesta a la concepción nominalista-referencial actual.

El mercado como correlato de la neurosis

Llegados a este punto, les propongo, queridos lectores, volver unos instantes sobre aquel niño pequeño al que hemos dejado imaginando su propio mundo ideal, hecho a imagen y semejanza, en el que solo lo placentero tiene existencia y todo lo displacentero carece de tal.

Si lo observamos con atención y evaluamos el posible destino de este niño, de persistir en esa fantasía, no hemos de extrañarnos de encontrarnos, de buenas a primeras, con la mecánica que pusimos como condición para el sustrato psicológico del mercado.

Su fantasía ha sido –en la época de su precariedad biológica– una actividad y un campo de acción realmente sobrevalorados. Ha sido su primera «ruta de escape» pero también «su primer dominio», su primera conquista sobre el universo y su primera venganza activa sobre lo que desde su concepción, podríamos llamar, lo hostil de la realidad.

Pero, conforme va creciendo y madurando en sus capacidades intelectuales y físicas, adquiriendo el dominio sobre su cuerpo y sobre la realidad inmediata, necesariamente ha de percibir la diferencia sensible entre el placer que es capaz de experimentar en la fantasía y el placer que es capaz de experimentar en la realidad.

También ha tenido ocasión de comprobar que, cuanto más avanza en la fantasía –concentrando todos sus recursos en habitar y conquistar ese mundo–, menos progresos realiza en la realidad, y por fuerza, el contraste entre la potencia fantaseada y la potencia real,

II. El sujeto de mercado

presenta a la fantasía con un primer signo displacentero hasta tornarla, en cierto punto, intolerable.

El niño se encuentra de repente con que todo lo que "ha vivido" en la fantasía no lo habilita a nada respecto de la experiencia de vivir en la realidad. Toda esa magnífica experiencia heroica vivida en la fantasía se vuelve una carga y, sobre todo, una inconmensurable fuente de auto-humillación: el guerrero capaz de ajusticiar a todos cuanto le han infligido afrentas no logra arrancar más que burlas en los mayores; el gran creador del mundo, no puede lograr siquiera engendrar una mínima cosa, ni siquiera un niño.

Así, la fantasía pasa a ser una poderosa fuente de displacer y, por tanto, es fuertemente rechazada, sobre todo teniendo en cuenta que lo invade el sentimiento culposo de haber cometido todo tipo de crímenes, incluso contra aquellos que precisa para sobrevivir.

Tras este rechazo a la fantasía, (rechazo reforzado por el influjo también de padres y educadores), sobreviene posteriormente, en la adolescencia, la añoranza de esa prehistoria heroica, poderosa y sobre todo a completo resguardo de la realidad y en la plenitud del ejercicio de sus potencias[40].

---

[40] Testimonio de esto es la fantasía de ser hijo de otros padres, más nobles y poderosos, incluso, de extraterrestres, que experimentan los niños y que en algunos casos perduran durante gran parte de la adolescencia y la vida adulta, conformando en este último caso, un sedimento ideológico-argumentativo fuente de diversos tipos de delirios.

Cuando en el curso de la evolución de niño a adulto estas fantasías no logran ser "metabolizadas" por el sujeto (canalizadas, por ejemplo, en la aspiración a realizarse como persona transformando la realidad), cobra forma lo que el psicoanálisis reconoce bajo el nombre de neurosis. Esto es, un parcial desvinculamiento para con la realidad, en virtud de la preservación del mundo fantaseado como mundo posible más allá del campo de acción psíquico al que llamamos cotidianamente fantasía (realidad psíquica).

Ahora bien, cuando esta resignación del vínculo con la realidad se extiende a una sustitución literal del mundo exterior por el mundo fantaseado aparece el delirio.

Así, el adulto que cristaliza parte de su infancia por medio de una neurosis debe conformarse con preservar tan solo una mísera parte del mundo maravilloso y heroico, reservándose para sí, un papel verdaderamente menor al rol que ocupaba en aquella fantasía, situación desfavorable que compensa *con una intensa carga afectiva y consecuente sobrevaloración de ese fragmento*. Tal como si un rey de un país arrasado por enemigos pudiera conservar algún vestido y alguna joya de su trono, el niño devenido en adulto, mediante la formación de una neurosis, atesora de forma compulsiva esos pequeños trozos de la gloria pasada, estableciendo para con estos, una relación de estrecha dependencia, puesto que estos trozos de la

II. El sujeto de mercado

realidad fantaseada son lo único que le queda de aquellos momentos heroicos y maravillosos en los que era una persona todopoderosa[41].

Si seguimos este desarrollo, inevitablemente fragmentario, podemos argüir que "el mercado", como construcción delirante de gran parte de la humanidad, se sustenta en *esta necesidad psicológica de preservar esas fantasías,* aferrándose a esos atributos infantiles,

---

[41] Y en este punto se puede comprender el porqué del empobrecimiento psíquico y afectivo que conlleva la formación de cualquier neurosis, dado que implica un gran sacrificio en el "aquí y ahora" de la vida de relación, para conservar algo que nunca fue real y nunca podrá serlo, ni siquiera, en la fantasía, puesto que aún en la fantasía, lo que se conserva no alcanza para restituir la posición que el sujeto tenía en aquel mundo perdido de la infancia, ni para reconstruir cabalmente la gloria de tal mundo. En este caso, el delirante exitoso, aventaja grandemente a cualquier neurótico, dado que el delirante –al menos en la fantasía que ha encarnado– tiene una posibilidad de realizarse como sujeto. En este sentido, podríamos decir, que *una persona neurótica es un sujeto impedido de realizarse como tal, tanto en la fantasía como en la vida cotidiana.* Incluso podríamos decir que en este caso, el neurótico establece un modo de pertenencia respecto de su fantasía, por lo que no puede intervenir sobre ella por más que se decida a encarnar cada vez más perfectamente el modo ideal de sujeto que de esta se desprenda; el delirante exitoso, por el contrario, establece un modo de implicación sublime para con su fantasía, al punto de involucrarse por completo, por lo que al menos en su fantasía tiene alguna posibilidad de intervenir. Es por eso que lo que en la neurosis aparece como mecanismo automático, en el delirio aparece como algo pasible de ser consciente: el delirante siempre tiene algún rapto de lucidez en el que es consciente de su delirio, el neurótico no.

conservados mediante la neurosis e incorporados como certezas universales en la base ideológica de la unidad yosoyasí.

Es decir, podemos entrever la idea de que aquello a lo que llamamos "el mercado" y que aparece como todo-poder, encumbrándose sobre cualquier concepción de mundo y de sujeto, capaz de legislar sobre nombres y atributos, re-ordenando el mundo, no es otra cosa que una re-edición social de la suma de las fantasías infantiles individuales que al proyectarse sobre una unidad exterior se han independizado de los rasgos distintivos de un sujeto determinado, al punto de parecer un ente auto-engendrado.

Este fenómeno es lo que nos permite considerar al "mercado" como un correlato de la neurosis, de lo que podemos inferir que si todo niño pudiera evolucionar en la conquista de la realidad, desde sus fantasías, afirmándose como sujeto de su propio deseo y realizándose como tal, el mercado tal y como lo conocemos, no existiría.

II. El sujeto de mercado

El «sujeto del mercado» y el "mercado del sujeto"

Nos queda la sensación de que nos hemos extraviado un poco en digresiones que no nos permiten comprender cabalmente a qué nos referimos con el neologismo «sujeto del mercado» al que hemos acuñado como categoría.

Nos parece entender que si "el mercado" no es más que una ficción, o como también lo hemos llamado, "una construcción delirante", «sujeto del mercado», por fuerza, también debe ser una construcción de idéntica naturaleza.

De hecho, si no dudamos en afirmar que "el mercado" solo existe como construcción delirante, es lícito suponer que el «sujeto del mercado», debe poseer la misma condición de existencia. Sin embargo, este razonamiento es apresurado.

Si nos tomamos un tiempo para reflexionar sobre lo que hemos desarrollado hasta aquí podemos comprender que lo que llamamos «sujeto del mercado» no es otra cosa que el modo ideal de sujeto a partir del cual se sustenta la alienación de un sujeto a esta construcción delirante llamada "el mercado", alienación que se establece a partir de conceder a esta construcción delirante la potestad de proveernos de una referencia unívoca del sentido y el significado de la realización subjetiva.

Ahora estamos en condiciones de entender en qué se sustenta esta "cesión", no se trata simplemente que "el mercado" tenga la capacidad de producir una influencia tan poderosa sobre nosotros mismos[42] sino que tal influencia poderosa y coercitiva la obtiene, en parte, gracias a la proyección de gran parte de nuestra fantasía infantil[43].

Luego, quienes aprovechan esta construcción delirante para expresar su infantiloide "derecho" a ejercer dominio sobre otros, acumular riquezas, etc. no hacen más que fomentar las condiciones como para que esta dependencia del sujeto a parte de su infancia se agudice de forma permanente, sumiendo al sujeto cada vez más en condiciones de impotencias análogas a la vivida en la infancia, de manera tal de que fomentar que el sujeto continúe progresiva y compulsivamente rechazando nuevas partes de sus fantasías proyectándolas sobre la construcción delirante y que, simultáneamente, se sienta más desposeído y por tanto, más afectado por la añoranza de recobrar la plenipotencia perdida mediante la sumisión al modelo ideal de sujeto propuesto por "el mercado" y la

---

[42] Recordemos lo que ya hemos dicho al respecto: "el mercado" no solo no produce nada sino que además se define por no producir nada, simplemente se limita a *re-ordenar lo producido por algún otro*. Si "el mercado" se dedicara a producir, aunque más no sea a producir alienaciones, caería en la fatalidad de salir del lugar imaginario en el que reside toda su eficacia: el lugar de la referencia unívoca para todo x.

[43] La proyección de fantasías infantiles es también la proyección de parte del mundo infantil; lo que equivale a decir que junto a las fantasías proyectadas se proyecta los complejos que le son correlativos y la actitud infantil de sumisión e impotencia frente a los mismos.

II. El sujeto de mercado

entrega al consumismo como manera de encarnar el modelo ideal de sujeto.

El «consumismo» tiene su raíz psicológica en esta dinámica que venimos describiendo: la persona resigna parte de su fantasía infantil, rechazándola hacia el exterior y proyectándola sobre una identidad que ofrece el cebo de permitir recobrar todo lo rechazado (American Dream) mediante el cumplimiento de determinadas condiciones. Otra parte de las fantasías son preservadas mediante la formación de una neurosis más o menos pronunciada, integrándolas en su yosoyasí como «certezas universales» o como modos de relación o como conductas automatizadas o como forma y lógica de pensamiento. Y una última parte es conservada propiamente como aspiración materializable a mediano o largo plazo.

Pasado algún tiempo de vivir "en la realidad" la añoranza de la fantasía perdida pulsa por recobrar "ese otro mundo", pero, la fantasía perdida no se hubo de perder por casualidad, por el contrario, hubo un motivo bien preciso para que el sujeto se desprenda de este bien tan preciado: se hubo de rechazar por haber sumido al sujeto en impotencia (dejándolo incapacitado para actuar en la realidad), por lo que, cuanto más intenso es el deseo de recobrar ese fragmento de fantasía más intenso es el sentimiento de impotencia que se reaviva, re-editando los complejos, las tribulaciones, las humillaciones, etc., que hubo de sufrir de niño por atesorar esas fantasías que en nada servían para vivir en la realidad.

Algunos, que utilizan la construcción delirante "el mercado" para sus propios fines, promueven –como cebo– la idea de tener la fórmula para recobrar la fantasía abandonada exorcizada de la impotencia y angustia concomitante, por lo que el sujeto muerde el anzuelo y se entrega al consumo más o menos compulsivamente, pero, la fantasía así recobrada mediante algún producto a consumir no posee ni la fuerza ni el encanto anterior puesto que es impersonal y ajena.

El producto a consumir (ofrecido como sustitutivo de la fantasía a recobrar) conserva tan solo dos rasgos de tales fantasías infantiles, su forma aparente: aspecto destellante, mágico, etc., y su forma lógica, dado que –al igual de aquella de la que no es más que burda copia– es perfectamente incapaz de transformar la realidad o de servir para tal fin[44].

Sin embargo, a pesar de lo infructuoso de esta operación de hacer como si uno pudiera recobrar las fantasías abandonadas mediante el hecho de entregarse al consumo, presenta un rendimiento extra que le provee al sujeto de una efectividad suficiente como para mantenerse en relación de «pertenencia» con respecto a "el mercado" (como «identidad de pertenencia»): el regusto de la sensación de recobrar – y el placer de superar– el estado expectante de la añoranza hace que la persona encuentre un efímero placer en el acto del consumo más que en el objeto a consumir, por lo que se desata – mientras la persona siga en la realidad signada por la impotencia infantil como correlato de la infancia preservada en alguna tendencia neurótica– el consumismo como forma de experimentar de forma

---

[44] Diría el bueno de Freud: "La plata no hace a la felicidad porque la plata no es un deseo infantil".

activa (y por lo tanto potente), la *dinámica repetitiva* añoranza, recupero, pérdida.

III. Internet y subjetividad

III. Internet y subjetividad

Internet: de la impotencia al «Plus de eficacia»

Internet es un medio joven sobre el que existen ya innumerables planteos tanto entre sus defensores como entre sus detractores. De este vasto y heterogéneo conjunto de planteos la pregunta que me resulta más atractiva es la que hace referencia a la eficacia de Internet, puesto que se puede decir mucho sobre Internet, pero nadie puede dudar de que Internet es, antes que nada, eficaz.

De hecho es eficaz aún ahí donde no hay ningún otro medio –campo de acción e instrumento–. Es eficaz, incluso para la persona que ha agotado todos sus recursos en la "realidad exterior" encuentra en Internet una eficacia suplementaria, propiamente un plus de eficacia que potencia sus cualidades y le permite acceder a la "materialización" de sus deseos y aspiraciones, superando así (y por intermedio de Internet) sus límites, sus impedimentos (más o menos imaginarios, más o menos reales).

Sobran ejemplos en la vida cotidiana de este fenómeno que provee la experiencia de Internet: personas tímidas o fuertemente limitadas en su vida de relación que establecen nuevas relaciones desarrollando una multitud de vínculos y que se afianzan como personalidad extrovertida, pequeños emprendedores que conquistan un gran mercado con un producto o servicio, adolescentes que se transforman en empresarios antes de tener un primer empleo, regiones de baja representatividad a nivel mundial que logran adquirir prestigio y popularidad a partir de acceder a modos de promocionar su cultura, etc.

Así, la lista de "beneficiados" por este plus de eficacia que pareciera proveer Internet es cada vez mayor y más heterogénea tanto a nivel de los sujetos en juego como a nivel de las posibilidades y de los campos de acción[45].

No es de extrañar que este número siempre creciente de personas beneficiadas con el plus de eficacia que provee Internet sean sus arduos defensores en su legítimo derecho. Tampoco es de extrañar que los representantes del Status Quo –en sus diversos niveles y campos de acción– se erijan en poderosos detractores de Internet en particular con respecto a esta suerte de "democratización de la potencia" que promueve Internet gracias al plus de eficacia que esta, al menos ilusoriamente, genera.

Mas, ni unos ni otros, son capaces de explicarnos en qué reside este plus de eficacia ni por qué Internet aparece como siendo perfectamente capaz de "proveerlo"; los primeros se concentran en señalar las experiencias positivas y los otros se encargan en mostrar los aspectos negativos de Internet haciendo caso omiso a las experiencias concretas de lo que podríamos llamar "un posible acceso al éxito".

---

[45] Un científico desconocido puede dar a conocer su obra y establecer relaciones con otros científicos con los que jamás habría tenido tan siquiera una posibilidad de conocerlos por falta de recursos económicos, o de otra naturaleza; un artista aficionado o principiante puede acceder a un gran público y transformarse en un suceso mundial, etc., etc.

III. Internet y Subjetividad

Internet Vs. Realidad

El imaginario social de la pseudo-cultura global presenta a Internet como una suerte de "suplemento de la realidad", literalmente concebido como una suerte de prótesis, mediante la que un sujeto puede desarrollarse con un plus de eficacia respecto de su capacidad de hacer y relacionarse; y de hecho, no solo hay muchas personas que estarían gustosas de afirmar que esto es cierto sino que es innegable que para muchas personas Internet ha obrado de esta forma, proveyéndolos de un plus que suplementa la realidad, sea haciendo su campo de acción más extenso o más accesible o proveyendo de un tiempo extra, etc.

Si nos preguntáramos por qué una persona o un conjunto de personas precisan de un plus para intervenir sobre la realidad para realizarse como sujetos, las respuestas no tardarían mucho en aparecer: no pocas personas estarían dispuestas a asegurar que la realidad es hostil e inapelable, ejerce su dominio con la mayor crueldad sin dar respiro alguno, tampoco faltaría alguno que dijera que Internet provee ese "respiro" necesario, ese tiempo extra[46].

Internet parecería ser capaz de abrir una brecha en la acción continua y perpetua de la realidad proveyendo de un tiempo extra, un verdadero refugio temporal en el que las personas pueden hacer como si estuvieran en la realidad, sin estarlo. Así, Internet se presenta como un aliado poderoso frente a lo hostil de la realidad al proveer a

---

[46] Tal como si Internet fuese un primer bastión de la conquista del hombre sobre "lo arbitrario de la realidad".

cualquiera de una manera de burlar la realidad y a su imperio, abriendo un intervalo en el que uno puede acceder a otro tipo de realidad, una realidad virtual y mejor dicho aún –si me permiten jugar con las palabras– *una realidad depurada*.

Sin embargo, el "hechizo" no dura por siempre, uno puede acceder a ese mundo maravilloso y agenciarse de un plus de eficacia, pero no puede vivir ahí, la realidad exterior nos jala hacia fuera, remitiéndonos nuevamente a una vida de sometimiento frente a su arbitrio.

Así, Internet sería una suerte de realidad alternativa, pero transitoria –a la que se puede acceder de manera irrestricta, pero no completamente–, mediante la que se puede superar de forma transitoria lo hostil de la realidad exterior adquiriendo un plus de eficacia pero que tan solo posee validez en ese mundo alterno, virtual, en ese mundo de ficciones en el cual el sujeto mismo no es más que *una envoltura ficcional del sujeto*, envoltura más o menos adquirida según las propuestas del mercado (modo de sujeto ideal para el que todo es posible dentro de esta ficción delirante).

Internet como ruta privilegiada de escape

Escapar de la realidad, y en particular, escapar de lo hostil de la realidad ha sido uno de los objetivos de la humanidad desde el principio de los tiempos, y de ninguna manera se le puede achacar a Internet ser "artífice" de ese impulso, pero bien se puede considerar a Internet como un "artificio" de ese mismo impulso –y no solo como un artificio, sino el mejor de los artificios que tal impulso a escapar de lo hostil de la realidad ha podido dar forma– dado que posee frente a

III. Internet y Subjetividad

cualquiera de las otras rutas de escape ventajas increíbles: no solo posee características que le son propias –y por tanto, ajenas a todo otro medio de escape de lo hostil de la realidad– sino que además integra los rasgos esenciales de los otros medios de escape de la realidad. Es decir, la principal virtud de Internet como medio de escapar a lo hostil de la realidad es la perfección de su montaje que permite al "usuario" realizar una impostura mucho más acaba y perfecta que cualquier otro medio anterior.

Sobre todo, por permitirle al "usuario" acceder a este medio de escape de lo hostil de la realidad, librándolo a la vez de la angustia concomitante a todo intento de escape de la realidad.

El "usuario" de Internet no cae en angustia al momento de hacer como si estuviera en la realidad (renegando de forma más o menos inconsciente del hecho de estar en la realidad) al navegar por Internet, por el contrario, es mediante el uso de Internet que puede librarse (siquiera momentáneamente) de las angustias que vive en la realidad. En la vida cotidiana sobran ejemplos en este sentido: pensemos en el clásico ejemplo de la persona tímida e introvertida, con severas dificultades para relacionarse en la vida cotidiana que en Internet se presenta como persona carismática y seductora, capaz de establecer cientos de relaciones en redes sociales, llegando incluso a enamorarse por Internet, o a consolidar verdaderas amistades[47].

---

[47] Por poner otro ejemplo, basta con que consideremos a aquellas personas de escaso carácter y disciplina, con severas dificultades en la vida cotidiana para llevar adelante un proyecto o un negocio, y que en Internet aparecen como grandes

Daniel Adrián Leone

De la utopía al mundo virtual

La representación imaginaria del "mundo virtual" que Internet promueve, a la manera de utopía, se agrega al imaginario social constituyéndose en una suerte de materialización de las ansias infantiles (que perviven en el adulto) de acceder a un mundo paralelo al mundo de la realidad, en el que todo es como si fuera y todo parecería funcionar de forma inmediata y automática, esto es, sin mayor esfuerzo o compromiso afectivo; en el que cada persona puede hacer como si vive, realiza y produce sin los riesgos psico-socio-biológicos que implica el hecho de vivir, realizar y producir. Es decir, Internet promueve la creencia de que es posible *vivir sin estar involucrados en la vida misma como sujetos*, siempre y cuando pertenezcamos a su mundo virtual, concentrando todos nuestros esfuerzos en dos actividades básicas: acceder (de forma más o menos irrestricta) a la red y mantenernos (más o menos compulsivamente) conectados a ésta.

Si examinamos esta «certeza» de cerca veremos que se asemeja fuertemente a una formulación de naturaleza neurótica (idea

---

empresarios o como líderes de movimientos o de opinión, etc.; por último y en este mismo sentido, pensemos que muchos adolescentes vencidos por las trabas sociales para desarrollarse en el área laboral en la vida cotidiana, e incapaces o desinteresados en adaptarse a la mecánica impuesta para este área, pero que en Internet son empresarios de empresas millonarias. De hecho, hasta la consolidación reciente de Internet era impensable ver tantos "empresarios" menores de edad como en la actualidad).

III. Internet y Subjetividad

obsesiva) a la que podríamos poner en palabras de la siguiente manera: «mientras yo acceda a la red y concentre todos mis esfuerzos en mantenerme en la red, conectándome cada vez más en y con esta, puedo vivir como si nada me tocara».

Idea que tiene por contrapartida el hecho de que *si no me conecto cada vez más completamente*, erradicando de mi ser todo aquello que haga de obstáculo para mantenerme en la red y sin titubear en ceder mi potestad como sujeto a la red (aunque para ello acabe disolviéndome en esta), *puedo caer de ella*, quedando definitivamente fuera del mundo virtual, *a merced de lo hostil de la realidad*.

Así, la idea de "mundo virtual" no es una mera utopía más o menos consensuada, sino algo que podemos pensar como un «reservorio de certezas neuróticas» destinadas a enmascarar y justificar el desvinculamiento con la realidad y la consecuente ausencia del sujeto de su propia subjetividad (fantasías, deseos, aspiraciones pero también historia, cuerpo, dolor, sensualidad).

Dicho de otra manera, y siguiendo el curso de nuestras reflexiones sobre el miedo a la implicación, podemos decir que la idea de "mundo virtual" no es creada por Internet sino capitalizada por Internet [48] como soporte para su afianzamiento entre las creencias

---

[48] Como ya hemos dicho en capítulos anteriores, lo que llamamos "el mercado", no produce nada, sino que se dedica exclusivamente a re-ordenar lo producido y la capacidad de producción, Internet, en este sentido, no es otra cosa que el montaje más acabado de re-ordenamiento de lo producido.

subjetivas que hacen a un imaginario social, ya que la idea de mundo virtual nace en el seno de la impotencia infantil frente a la realidad considerada como hostil.

La supuesta "Cultura Global"

Hablar de una supuesta "Cultura Global" (siempre y cuando no estemos haciendo un chiste formidable) es, por lo menos, un gran abuso conceptual, fácilmente demostrable con solo señalar un rasgo distintivo de cualquier cultura: solo hay cultura del lazo social o dicho de otra manera: no hay cultura sin comunidad.

Por lo que, si nos detenemos a observar las permanentes fragmentaciones y rupturas a las que se ven sometidos hoy por hoy los lazos sociales a nivel mundial de ninguna manera podemos colegir (siempre y cuando nos mantengamos fuera del campo de la ironía y del delirio) de que existe siquiera algo remotamente parecido a una comunidad global[49].

De hecho, la idea misma de comunidad es algo que se va perdiendo día tras día; basta con que observemos la vida cotidiana en cualquiera de sus niveles, incluso, en los lazos sociales que constituyen unidades más pequeñas: el auge de los divorcios y las familias disfuncionales, las relaciones "light" y el horror al compromiso afectivo, la especial relevancia que posee entre las

---

[49] Y menos aún podemos suponer que sea el interés de los grandes grupos políticos-económicos ceder espacio como para que se constituya semejante cosa completamente contraria a la idea de capitalismo.

III. Internet y Subjetividad

afecciones psicológicas actuales, la bipolaridad, etc., son claros y evidentes signos de que incluso a nivel de la comunidad mínima –la comunidad psicológica entre el yo y los lazos afectivos en el que se ha constituido como recorte psicológico de una subjetividad– el fenómeno de la comunidad está en crisis permanente: ¿a título de qué se podría sostener entonces la idea de una supuesta cultura global, si el sustento mismo de la noción de cultura, esto es, la idea de comunidad, es algo que la actualidad misma demuestra como algo prácticamente insostenible más que de forma precaria?

Ahora bien, situándonos en la perspectiva que ha tomado nuestra reflexión, no podemos dejar de reparar en el especial énfasis con que se acentúa y defiende la idea de comunidad en el ámbito de Internet ya que, al menos hoy en día, se presenta como tendencia directriz de Internet el hecho de convertirse en una red de comunidades más o menos homogeneizadas en su estructura lógica, tecnológica e informática, con algunas diferencias sutiles en cuanto a la apariencia o a alguna funcionalidad; diferencias que no alcanzan en ningún caso a impedir o tan siquiera a obstaculizar el fenómeno de la integración en una red mayor, o dicho lisa y llanamente, en una fusión más o menos encubierta.

Daniel Adrián Leone

La función de la Cultura Global

Si Internet está destinada a consolidar un espacio para que advenga una muy supuesta "Cultura Global" (es decir, una identidad de pertenencia universal, en la que cada sujeto por el solo hecho de pertenecer adquiere una identidad) no lo será *sin suprimir todo aquello que haga de obstáculo* a tal constitución de un ente en el cual se disuelvan todas las culturas expresadas en Internet, y se nos ocurren básicamente dos tipos de obstáculos a esta consolidación: *los lazos sociales* por fuera del mundo virtual, inclusive, la subjetividad misma (los lazos sociales en los que un sujeto está implicado como ser histórico) y *la historia* como medio y soporte de la vida cotidiana.

Ahora bien, estas dos realidades subjetivas son decididamente imposibles de suprimir sin suprimir al sujeto en sus rasgos distintivos, en su cosa subjetiva a menos que se enmascare y compense esta supresión de manera tal de que el sujeto pueda hacer como si no hubiera ocurrido.

En este sentido, se inscribe la función de la "Cultura Global" como contexto enmascarador y compensador del borramiento de las diferencias subjetivas y la consecuente sustitución de un rasgo distintivo histórico-subjetivo por un "distintivo" del tipo atributo-nominal, es decir, *el borramiento de la realidad en la que se soporta una diferencia y su sustitución por alguna palabra capaz de nominarla como un puro atributo de lenguaje.*

III. Internet y Subjetividad

"Igualdad para los iguales" y la diferencia subjetiva

Alguien podría manifestar, llegada nuestra reflexión a este punto, su incomprensión: ¿acaso no es un objetivo loable borrar las diferencias en aras de la realización del ideal de la "igualdad"?

¿Por qué, en un mundo profundamente individualista, enajenado incluso de sus sentimientos comunitarios más íntimos, deberíamos defender las diferencias constitutivas?

La aspiración a conquistar para la humanidad "el ideal de la igualdad" entre seres humanos por más que sea el más loable de los objetivos presenta en su traducción a la práctica un insoslayable yerro en su consideración.

La elevación de la humanidad y la conquista de una realidad mucho más benévola para todos, no pasa por alcanzar una "igualdad entre los iguales" sino de adquirir *un profundo respeto a la diferencia y a lo diferente*; la "igualdad entre los iguales" lleva tan solo a la constitución de sectores de "elites"[50].

---

[50] La trampa del concepto de "igualdad para los iguales" es que la única manera de establecer una igualdad universal en la que todos los individuos sean pares, es excluir algo de ese grupo extenso en calidad de desigual. Bien lo saben los gobiernos, por ejemplo, cuando estimulan el odio al extranjero para lograr una cohesión entre sus gobernados, sustentada en la defensa de la "igualdad de derechos para los iguales".

En la historia de la humanidad hubo cientos de grupos, pueblos y comunidades que aplicaron el concepto de "igualdad para los iguales", al menos desde la polis griega en adelante y todos comenzaron estableciendo qué era desigual para establecer por oposición el criterio de igualdad universal que les permitió alcanzar el ideal de "igualdad para los iguales".

Las diferencias existen y es perfectamente válido que existan y que las reconozcamos como tales: aprender a respetar y valorar lo diferente es el principio que llevaría a la humanidad al fin de la discriminación peyorativa, la desvalorización del otro, etc.

Cuando hablamos de "diferencia subjetiva" estamos hablando del cúmulo de acontecimientos más o menos arbitrarios y contingentes (de hechos y vivencias) que ocurren en un sujeto y de la peculiar forma que posee ese sujeto de experimentar, registrar y articular ese cúmulo de ocurrencias histórico-sociales-afectivas que lo definen como tal.

Borrar estas diferencias no estimularía el cese "del individualismo", sino por el contrario, estimularía (y es algo perfectamente observable, lamentablemente, en nuestra actualidad) una suerte de «individualismo neutro», al estilo de las hormigas, en el que todos los individuos de un mismo conjunto actúan de forma homogénea respecto de un patrón de conducta único, unívoco y

III. Internet y Subjetividad

universal para todos los individuos sin otra interacción distinta a la meramente funcional[51].

El desarrollo de las diferencias subjetivas, y del respeto a las diferencias subjetivas, no promueve el individualismo sino muy por el contrario, promueve el afianzamiento del sujeto en los lazos sociales que lo constituyen, sea transformándolos en re-ediciones a través de la incorporación a nuevos lazos sociales, o bien desarrollándolos hasta alcanzar nuevas formaciones sociales; dicho de otra manera: *la enajenación de los individuos de sus sentires comunitarios no se da por un culto en exceso a la diferencia subjetiva sino por un progresivo avasallamiento de entes sociales dispuestos a establecer para un conjunto cada vez más amplio de sujetos un patrón de conducta único.*

Así como un pueblo al que se le priva de su terruño y de la vivificación de su historia, (mitos fundantes, tradiciones, costumbres y cultura) es un pueblo que tenderá a desaparecer como tal, un sujeto privado de su historia, (de los lazos sociales que lo constituyen y de la potestad de experimentar, registrar y articular estos elementos de una manera propia) irá des-subjetivándose progresivamente hasta ser un individuo neutro, es decir, un individuo incapaz de actuar sin un

---

[51] Distingamos en este punto el "actuar de consumo" mediante el consenso de diversas aspiraciones y deseos, en el seno de una comunidad, por ejemplo, del "actuar homogéneo". En este caso, el de la actuación de masas, no implica un actuar de consumo sino de un actuar idéntico siguiendo un patrón prefijado de forma exterior al sujeto y, por supuesto, ajena a todo tipo de aspiración y deseo subjetivo y/o comunitario.

patrón de conducta pre-establecido y sin un montaje en el que pueda vivir, tal y como si, ese patrón de conducta que se le impone, fuese el resultado de una elección personal[52].

En este punto se articula la función de Cultura (Aldea) Global: no se trata simplemente de que "nos comuniquemos entre todos" sino de algo bastante más claro y menos noble.

Se trata de que todos nos comuniquemos utilizando un medio privilegiado y excluyente, en función de un patrón de conducta predeterminado y utilizando como criterio un esquema de valores pre-establecido, es decir, que la comunicación (en principio, y más radicalmente, todas las formas de expresión subjetivas[53]) sea entre individuos neutros o mejor dicho aún, *de nadie a nadie*.

---

[52] Estas palabras nos abren una perspectiva para debatir sobre el concepto de alienación.

[53] Esto es fácil de entender si vemos el esfuerzo que deben realizar ciertos sectores sociales para combatir la reducción a un rótulo bajo el cual quedarían enmascarados tanto su discurso como las razones y los lazos históricos-comunitarios-culturales que sustentan y legitiman sus expresiones. Ejemplo de tales rótulos serían las denominaciones actuales "indignados", "piketeros", etc.; en los primeros se reduce toda una manifestación socio-cultural a un afecto concomitante; en el segundo, peor aún, se reduce tan solo al uso de una herramienta como modalidad de protesta.

III. Internet y Subjetividad
«Montaje» e «impostura» en la vida cotidiana

«Montaje» e «impostura» son dos conceptos solidarios: no se puede pensar el uno sin el otro puesto que sin el soporte que brinda el montaje no hay posibilidad de sostener impostura alguna, y no hay montaje que no sea montaje para alguna impostura (y el esfuerzo de todo esquizofrénico confirma y valida esta afirmación).

La idea de un montaje no establecido para alguna impostura (sino pre-establecida, sí, pre-destinada) carece de todo fundamento dado que todo montaje en cualquiera de sus variantes posibles carece de sentido sin alguna impostura que cumpla la función de proveerle sentido mediante su existencia y accionar.

Para figurarnos mejor los conceptos de «montaje» e «impostura» establezcamos una analogía con el mundo teatral: el «montaje» no solo es el escenario, sino el libreto, las redes de relaciones y el orden pre-establecido entre estas, las concepciones de mundo y sujeto que entran en juego en el libreto, etc.

La «impostura» es la mimesis, la representación que el actor desarrolla, no solo cuando está actuando sino el conjunto de actuaciones que ha realizado en su vida hasta componer ese personaje.

Podríamos ir más lejos en esta analogía y decir que el disfraz es la frontera entre ambos conceptos, el nexo entre montaje e impostura y, por tanto, la articulación entre ambos. El nombre ficticio, y en particular el apodo, o la nominación del personaje, por la función que desarrolla, también forma parte de esta frontera entre montaje e impostura como parte del disfraz, por la simple razón de que el nombre asimismo re-presenta al personaje en el contexto que le es propio.

Prosiguiendo esta analogía con la representación teatral, deberíamos decir que *no hay montaje sin público, ni impostura sin predicado*, ya que todo montaje está dirigido a un público particular (y no a cualquier otro) y la impostura, a su vez, no es libre de "salirse" de un determinado predicamento que contextualiza y justifica la composición de un determinado personaje.

Ahora bien, ¿podremos traducir a la vida cotidiana el resultado de esta digresión sobre «montaje» e «impostura»? De ser así, ¿en qué consistiría el «montaje» y la «impostura» en lo cotidiano?

Si luego de habernos aventurado a reflexionar sobre «montaje» e «impostura» nos volvemos sobre la vida cotidiana, es difícil no caer en la tentación de asimilar «montaje» e «impostura» a la intención de engañar, sin que pueda sustraerse del matiz de significado que aporta la noción de "falsedad" que aparece en juego en la palabra "impostura" nos señale que «montaje» e «impostura» serían fenómenos propios de aquellas personas a las que tildamos de "falsas", o bien, resultantes del trabajo "deliberado" de aquellos que quieren ocultar sus intenciones, (carácter, personalidad, etc.) y que por tanto recurren a tales estratagemas de producir un montaje para sustentar su impostura.

Ahora bien, con solo mirar más de cerca la vida cotidiana (tomando un poco de distancia de nuestros propios prejuicios) podemos alcanzar a reconocer otro grupo de personas que sin ser "falsas" ni tener una intención deliberada de ocultarse, recurren a la

III. Internet y Subjetividad

producción de «montajes» e «imposturas»: personas que viven como si precisaran magnificar todos sus logros, sucesos, y demás detalles de su vida (los eternos soñadores, los artistas, etc.); y si agudizamos la mirada por esta vía, logramos ver que también en el niño (es decir, en la infancia de cualquiera de todos nosotros) hay montajes e imposturas, por ejemplo, cuando el niño juega a ser grande aunque tampoco se pueda juzgar al niño de "impostor", o de querer velar una intencionalidad nefasta.

Si nos animamos a continuar nuestra reflexión al respecto, no tardaremos en descubrir que no hemos tenido en cuenta otra especial circunstancia en la que todo ser humano pasa por una "teatralidad" semejante a la que venimos describiendo, en la que sin ser "falsos" realizamos todo un montaje e investimos una impostura, por ejemplo, durante el ejercicio de la seducción y el enamoramiento.

Incluso yendo más lejos aún, si consideramos que "la versión de realidad" con la que tratamos a diario, y en la que nos sustentamos como persona, no es otra que aquella versión que resulta de apropiarnos de la realidad exterior mediante lo psíquico, constituyendo así una "realidad psíquica", deberíamos decir que todos los seres humanos vivimos realizando montajes e imposturas varias de forma consciente y/o inconsciente sin que ello nos remita a falsedad, hipocresía o intención de engañar.

Daniel Adrián Leone

El sujeto entre montajes e imposturas

Así pues, podríamos decir que el sujeto siempre está entre montajes e imposturas más o menos desarrolladas por sí mismo, (con aquellos elementos imaginarios en los que el sujeto está más o menos involucrado y con la restricción o la moderación de aquellos elementos imaginarios a los que el sujeto está alienado), siendo incluso muy posible pensar al propio sujeto como una construcción-efecto de la articulación entre diversos montajes y diversas imposturas.

Por lo que, en rigor, no podemos hablar de sujeto sin montajes e imposturas puesto que el sujeto mismo *se compone de retazos de estos montajes e imposturas* que lo condicionan y definen.

Basta para encontrar un ejemplo verdaderamente nutricio de lo que hemos afirmado considerar la "atadura simbólica" que todo sujeto porta en relación a un linaje, a alguna historicidad del relato de su familia y de su apellido, a sus tradiciones, etc., y la dificultad –por momentos realmente severa– que se erige frente al sujeto cuando este quiere transgredir esas fronteras condicionantes de coerción familiar (en todos los sentidos de la expresión).

Es más, a la luz de estos razonamientos: ¿hay algo que nos impida realmente en pensar a la familia como el primer montaje social en el que el sujeto adquiere alguna impostura?

Es en la familia (en tanto que la familia es una red de relaciones, roles y tareas) en las que el sujeto aprende a hacer "como si", a "hacer la veces de", involucrándose en un lugar, en esa red de relaciones asumiendo el rol asignado a ese lugar y representándolo en todo.

Montaje, impostura e identidad: el yosoyasí

Como habrán deducido, la identidad de una persona siempre aparece en juego entre montajes e imposturas, lo que provoca en determinadas personas el impulso purista a determinar de forma exhaustiva y unívoca su identidad *aunque para ello deban suprimir y enmascarar muchas de sus contradicciones internas* y, en general, todas aquellas discontinuidades históricas presentes en su carácter, actitud general, forma de pensar y actuar, etc., dado que tales discontinuidades y tales contradicciones amenazan la integridad de esta formación imaginaria que hace de la identidad una suerte de esfera, libre de toda arista o interrupción, idéntica a sí misma en todo momento y desde cualquier ángulo.

Esta actitud preservadora de una integridad imposible no es otra cosa que el correlato de la fragilidad que supone la presencia ineludible de lo contingente y lo arbitrario en la vida cotidiana para cualquier sujeto, y en cierta medida, es común a todos los seres humanos, siendo fácilmente representable por la expresión (acuñada aquí como categoría) «yosoyasí».

¿Cuántas veces habremos escuchado a diversas personas culminar una discusión diciendo «puede que tengas razón, pero, yo-soy-así»? ¿Cuántas veces nos habremos defendido de alguna crítica a nuestra persona usando el inapelable «yo soy así» como último (y pobrísimo) argumento?

Hay casos en los que esta impostura del «yosoyasí» se extrema forzando al sujeto a producir, adquirir, reproducir o incorporarse a un montaje más o menos sólido que le permita sostener esta impostura y, sobre todo, lo inapelable de esta impostura; esto no quiere decir, sin embargo, que tan solo en los casos extremos, se producen, se adquieren o se reproducen montajes; en todo caso, siempre estamos operando con montajes más o menos producidos por nosotros mismos, más o menos adquiridos por algún tipo de condicionamiento, siempre estamos operando con montajes que reproducimos sin tener mayor consciencia de ello o incorporándonos a montajes de forma irreflexiva, por puro automatismo o por una suma de intereses ajenos al interés particular de incorporarse a un montaje determinado.

III. Internet y Subjetividad
Cuando el montaje es ajeno al sujeto

Cuando uno se atreve a reflexionar sobre la naturaleza de los montajes inherentes a la propia subjetividad, debería comenzar diciendo «hay montajes y montajes»; es una frase verdaderamente tonta en sí misma pero su valor radica en que nos muestra claramente la esencia de los montajes: no importa qué tan tontos, ingenuos o disparatados aparezcan puesto que su verdadero valor radica en la funcionalidad a la que son destinados.

Ahora bien, en abstracto, se puede trazar una diferencia sustancial entre los diversos montajes más allá de toda duda de una forma sencilla, tomando como referencia al sujeto: basta con señalar que hay montajes producidos por un determinado sujeto o por un determinado «lazo social» y hay montajes "de laboratorio" más o menos producidos con la intención de formar sujetos según un modelo actitudinal, o bien, directamente con la intención de *proveer un ideal como "modo de sujeto"* para que los sujetos encarnen literalmente y tomen por propias las pautas de marketing o las escalas de valores de las clases dominantes, etc.

En la vida cotidiana, sin embargo, este criterio para realizar una distinción tajante entre las diversas naturalezas entre un montaje y otro, a pesar de su validez, no nos permite una diferenciación tan eficaz.

De hecho, como acabamos de decir, hay montajes que imponen un «modo de sujeto ideal a encarnar» (es decir, una impostura privilegiada que es su correlato) y, por tanto, la persona que lo ha encarnado con cierta perfección (o que aspira a hacerlo) rápidamente y sin cuestionárselo, tomará partido a favor del montaje en el que está alienado a punto tal de defenderlo y sostenerlo tal como si fuese un producto de sí-mismo.

Dicho de otra manera: todo montaje encarnado por el sujeto, se integra con mayor o menor perfección al «yosoyasí» condicionando la producción subjetiva de imposturas y por tanto, *toda la vida de relación de un sujeto*, su forma lógica-argumentativa de explicar su experiencia en la vida y en mayor o menor sentido, su manera de experimentar la vida[54].

Sin embargo, hay una manera de comprender la diferencia entre un tipo de montaje y otro en la vida cotidiana, observando los efectos de uno y otro en una persona cualquiera: mientras que los montajes que podríamos designar con el nombre de montajes subjetivos (es decir, aquellos producidos por un sujeto en un lazo social determinado) son re-creativos y habilitantes para que el sujeto se desarrolle como tal, los montajes "de laboratorio" son siempre inhibidores de todo desarrollo subjetivo apartado de la meta pre-establecida para el montaje en cuestión, esto es: solo estimula el desarrollo subjetivo que le convenga y en ningún caso, cualquier otro desarrollo.

Así, un montaje destinado a propiciar un sujeto avaro y temeroso (tanto de sí mismo como de otros) con el fin de estimular un «individualismo neutro», de ninguna manera, dejará de producir

---

[54] Esto, evidentemente, equivale a decir que *no hay montajes ingenuos o sin consecuencias* por más que así lo parezcan.

condiciones favorables al mismo y tampoco dejará de coartar cualquier condición que habilite lo contrario. Luchará sin duda alguna contra la consolidación de grupos y comunidades, mostrando que en todo grupo hay competencias y rivalidades, o bien, hablará de las ventajas de las "relaciones light", estimulará la falta de compromiso afectivo, etc.

El montaje llamado Internet

Internet, tal como se puede experimentar hoy día, es una red de montajes "de laboratorio" con la aspiración a convertirse en un montaje universal en el que se permite un cúmulo de imposturas verdaderamente sorprendente a diferencia de otros montajes que se han pretendido arrogar el derecho a ser considerado un montaje universal (la religión, el ejército, la política, etc.); de hecho, en Internet pareciera que toda impostura es posible, incluso aquellas que en la vida cotidiana son imposibles o difíciles de sostener, dado que Internet –a diferencia de todo montaje anterior con pretensión universal– se presenta como un montaje en el que *el sujeto no precisa estar involucrado en una impostura para poder sostenerla*, siempre y cuando se mantenga en conexión (encarne) el montaje. Y no solo eso, en franca contradicción con todo lo que hemos dicho hasta aquí, Internet aparece como un "montaje de laboratorio" dispuesto para facilitar todo tipo de implicación, simplificando al máximo las dificultades que implica el hecho de involucrarse en algún lazo social. Sin embargo la contradicción es aparente, dado que *al simplificar las dificultades también suprime las posibilidades reales de implicación*.

Veamos esto en un ejemplo sencillo: en la vida cotidiana y hasta hace no mucho tiempo el solo hecho de llamar «amigo» a alguien implicaba un compromiso para las dos partes; el solo hecho de reconocerse como «miembro de una comunidad» implicaba un sentimiento francamente comunitario (empatía basada en el trato entre semejantes y la búsqueda del consenso grupal), la adopción de ciertas normas, tradiciones, etc., y más que todo, el sentimiento de co-pertenencia entre los miembros de la comunidad[55]. Por lo que nadie hubiera ofrecido su amistad a una persona que le resultara indiferente, ni hubiera llamado amigo a una persona con la que no tuviera un lazo

---

[55] Distingamos en este punto lo que hemos llamado "sentimiento de co-pertenencia" comunitaria del modo de relación que hemos designado bajo la noción de modalidad de «pertenencia»; la modalidad de «pertenencia» siempre se da en función de una identidad de pertenencia, esto es, una referencia a la que un sujeto debe pertenecer entregándole la potestad sobre su subjetividad y sacrificándola a esta, para encarnar un modo ideal de sujeto. En el sentimiento de co-pertenencia comunitaria, vemos dos tipos de lazos de co-pertenencia, la relación entre pares y la relación entre el grupo y la noción de comunidad como identidad que los nuclea. Expliquémoslo mejor: en el caso de una modalidad de «pertenencia» entre los sujetos que integran el conjunto de los entregados a esa identidad de pertenencia solo hay relación de mimesis y simbiosis. Son lo mismo por lo que actúan de la misma manera y no, como se podría pensar, comunitariamente, sino corporativamente. No defienden a su "vecino" porque consideren a este un semejante sino porque éste es una parte del todo al que "pertenecen". Esto es muy claro si tomamos por ejemplo, una conducta típica del ambiente empresarial de gran nivel. En un grupo de grandes amigos (de ejecutivos exitosos), cuando uno de ellos cae en desgracia por x motivos, ninguno de los otros temerán no solo cortar la relación sino que asegurarse de montar todo un operativo para que esa relación con el fracasado no vuelva a aparecer, siquiera, en la memoria.

III. Internet y Subjetividad

afectivo real; lo mismo vale para el sentimiento comunitario. Sin embargo, en Internet las relaciones aparecen y desaparecen con la misma perentoriedad y eficacia, sin que haya necesariamente algún sujeto involucrado en el lazo social. Se establecen comunidades en las que no hay necesariamente algún sentimiento en común más allá de algún gusto particular o bien, algún objetivo prefijado de antemano.

Alguien podrá decir: «bueno, Daniel, puede ser que en algún caso sea así pero también hay comunidades en Internet en las que surgen amistades reales y en las que los miembros se involucran en "carne y hueso" más que lo que se involucrarían en un lazo social en la vida cotidiana»; y no lo objeto.

Simplemente digo que, en general, si ese es el caso, se trata de personas que en la vida cotidiana poseen lazos afectivos sociales muy precarios o bien, que han ido sustituyendo los lazos sociales de la vida cotidiana por su réplica virtual, relacionándose a través de Internet y en una gran mayoría de casos, *como si Internet fuera el medio natural para todo tipo de relación.*

IV. Sensualidad y pornografía

IV. Sensualidad y pornografía

Si tomamos la concepción más o menos generalizada respecto de sensualidad y pornografía deberíamos decir que tan solo pueden relacionarse como opuestos; de hecho, múltiples discursos (religiosos, educativos, científicos, etc.) sostienen esta separación tajante entre sensualidad y pornografía, al punto tal de que resulta algo perfectamente obvio e indudable para un gran conjunto de personas.

Ahora bien, como es deber de todo libre pensador entregado a la reflexión examinar aún con mayor detenimiento lo obvio, les propongo que nos acerquemos un poco más y nos abstengamos de exponer este juicio que por general y por estar investido por la obviedad nos impide reflexionar claramente sobre el tema. Supongamos entonces que existe entre pornografía y sensualidad una relación más estrecha y profunda a la que no hemos arribado aunque de momento no acertemos a entenderlo.

Les propongo esto no solo por realizar un mero ejercicio intelectual (que sería motivo suficiente), sino por una razón de mayor peso aún: muchas personas, a pesar de todo, aseguran experimentar la sensualidad a través de la pornografía con mayor o menor exclusividad, por lo que, si nos decidimos a no prejuzgar debemos tener en cuenta su declaración y animarnos a reflexionar sobre ella.

Aún podríamos encontrar un motivo extra, a pesar de que todo el mundo pareciera saber qué es la pornografía, muy pocas definiciones se pueden dar al respecto y solo los prejuicios acercan un consenso sobre su significado, significado que tras suprimir los prejuicios en los que se sustenta se diluye considerablemente.

Puesto que ¿qué es en realidad la pornografía? ¿Sexo explícito? ¿Sexo sin amor? O bien: ¿la comercialización del sexo? Y si consideramos que la pornografía es "sexo explícito", ¿realmente podemos decir que no hay una experiencia sensual en ello? ¿Podemos pensar que necesariamente no hay amor en "el sexo explícito"?

¿Acaso se puede afirmar –por ejemplo y dejando los prejuicios de lado– que una pareja exhibicionista no vive una experiencia de amor al tener relaciones sexuales en medio de una calle, o en una plaza, o donde sea?

Respecto de la comercialización del sexo, idea elevada a significación para la palabra pornografía, también podríamos poner idénticas objeciones: hay personas que declaran gozar con la idea de que alguien pague por sus "favores sexuales", hay personas que disfrutan "pagando" con exclusividad; ¿podemos afirmar de ellos que no están afectados por el amor?

IV. Sensualidad y pornografía

Internet parece promover la pornografía expandiendo sus límites al proveerle de nuevos e inimaginables recursos técnicos tanto para facilitar el consumo como para su propagación; de hecho, la pornografía es uno de los tópicos de mayor consumo en la red y de tendencia siempre en alza, al punto de imponerse sobre cualquier otra palabra en la tendencia de búsqueda de los usuarios[56]; pero también, según la declaración de muchas personas, promueve y consolida la posibilidad de relacionarse, de construir una vida social, de generar amistades, incluso, de enamorarse.

Es lícito entonces –ya que nos hemos decidido a desembarazarnos de los prejuicios para reflexionar sobre la pornografía– que hagamos extensivo este prerrequisito a nuestra reflexión sobre Internet como "artificio" en el que sensualidad y pornografía parecerían si no ir de la mano, sí avanzar un gran trecho juntas al menos para un gran conjunto de personas.

El porno: del combate a la comprensión

Seguramente pasar del combate contra la pornografía a la comprensión de su naturaleza no será un paso decisivo para que la humanidad avance hacia un goce cada vez más libre de la sexualidad pero es probable que resulte en una gran contribución, sobre todo hoy en día, en que la sensualidad aparece tomada por la pornografía al punto en que muchas personas experimentan la sensualidad a través

---

[56] Haciendo un Search en Google, la palabra "porno" arroja la suma de 1.220.000.000 contra 918.000.000 de la palabra "amor"; los 85.400.000 de la palabra "sexo" y los 29.000.000 de la palabra "éxito" por ejemplo.

de la pornografía, o bien, *de la simulación de lo pornográfico*, adquiriendo de su montaje ciertas maneras de hablar, actitudes, conductas, etc., al punto de sustituir en mayor o menor parte sus fantasías por los relatos prefabricados e impersonales que se le ofrecen.

Si la pornografía –Internet mediante– se erige como una suerte de "referencia universal, unívoca e inapelable" para la experiencia de la sensualidad, no debemos apresurarnos a combatirla hasta comprender de qué se trata, no solo su significado sino también su función y en qué reside su eficacia.

Saber cuál, en definitiva, es la función social de la pornografía para un cada vez más vasto conjunto de sujetos con respecto a la vivencia de la sensualidad es, sin duda alguna, un gran paso en el camino de desentrañar los obstáculos que se erigen contra la realización del sujeto como persona.

Combatir la pornografía implica necesariamente un esfuerzo por suprimirla o, al menos, regularla, pero, sobre todas las cosas, implica dar por supuesto que "sabemos claramente" cuál es su función y particularmente, qué de Internet puede proveerle a la pornografía un lugar tan especial en la vida cotidiana de las personas y más aún, implica dar por supuesto que sabemos claramente qué viene a "emparchar" en el discurrir del sujeto en la vida cotidiana.

IV. Sensualidad y pornografía

Primer objeto sensual y sensualidad como montaje

La sensualidad se exterioriza en uno de los primeros montajes que el sujeto aprehende de aquellos que lo rodean en su tierna infancia, por lo que sus primeros impulsos seductores y su arrebatada devoción concomitante recae sobre aquellos primeros sujetos que lo sostienen afectivamente y psicológicamente.

En algunas personas estos primeros impulsos quedan poderosamente fijados y apartados de su fin sexual, devenidos en sentimientos ambivalentes (de excesiva ternura y excesiva culpabilidad), por lo que se ven poderosamente restringidos para establecer cualquier tipo de relación ajena a estos primeros objetos sensuales, accediendo en el mejor de los casos a establecer relaciones sensuales y afectivas en general tan solo con aquellas personas validadas por el primer objeto sensual, es decir, estableciendo relaciones a través de este objeto sensual, fenómeno al cual Freud le dio el nombre de fijación.

El mecanismo llamado «fijación», entonces, erige a algún otro (y al modo de relación establecida para con este otro) como *medio, referencia y ley vigente* para todas las relaciones a establecer posteriormente (tanto con otras personas como para con uno-mismo), lo que equivale a decir que toda persona así fijada a un objeto sensual de la primera infancia tendrá como único medio natural (instrumento y campo de acción) para desarrollarse como persona en su vida de relación, el registro de su experiencia en relación a este primer objeto sensual.

Si tenemos en cuenta que tanto para niñas como para niños el primer objeto sensual es la madre (o quien encarne la función materna)[57] podremos decir claramente que en general, la primera y más duradera de las fijaciones es a la madre en tanto objeto sensual privilegiado: incluso ella misma lo dice a diario.

---

[57] Alguna persona al leer semejante declaración puede horrorizarse "¿Cómo se puede hablar de la madre como primer objeto sensual? Peor aún, ¿Cómo se puede hablar de la madre como primer objeto sensual tanto para el niño como para la niña?" sin embargo, es un hecho fácil de comprobar siempre y cuando tomemos la consigna freudiana de entender que la sexualidad no se restringe al interés de cópula sino a todo un conjunto de manifestaciones de naturaleza sexual (dado que implican una procuración de placer) tales como los celos, la sobrevalorización del otro como posesión, la aspiración a gozar con exclusividad de su cercanía, mimos, caricias y preferencia, etc. Además, también es fácilmente observable en la vida cotidiana, el interés que el niño, incluso el niño pequeño tiene en dejar en claro que será él quien "se case con mamá", la curiosidad que le despierta espiarla al cambiarse, el deseo de "dormir con ella", etc. Por otro lado, decimos que tanto el niño como la niña tienen por primer objeto sensual a la madre (o a quien haga las veces de madre) puesto que en la primera infancia, el niño y la niña experimentan respecto de la madre un mismo interés sensual por dos motivos básicos:

1. Las manifestaciones sensuales del niño y de la niña no se diferencian dado que estas todavía no se rigen por la diferenciación sexual.

2. La madre aparece en juego en el entramado familiar como posesión privilegiada de algún otro, con lo cual, el niño y la niña aspiran a poseerla para acceder a ese privilegio que posee algún otro.

Evidentemente esto no quiere decir que el niño y la niña al equipararse en este punto experimenten la sexualidad de la misma manera, y menos aún, que se trate de algo "anormal". Hagamos la aclaración de paso: hablar de sexualidad

IV. Sensualidad y pornografía

"Soy como ninguna otra".

"Nadie sabe de ti como yo, al punto de que, nada de lo tuyo me es ajeno o desconocido".

El porno según Internet

El concepto de "pornografía" (tal y como se entiende en la actualidad[58]) implica la noción de "espectáculo": es como si el matiz de significado "comercio" asociado al matiz de significado "sexo extra-matrimonial" que presupone la palabra "pornos" se hubiera desplazado del acto mismo al montaje para el acto, haciendo de la "espectacularidad" el signo distintivo para el porno.

---

normal y anormal es abusar de los términos imponiendo en un fenómeno a-dicotómico una dicotomía provista por el lenguaje, tal como si el lenguaje pudiera dar consistencia a la realidad. La sexualidad solo se podría juzgar de anormal en todos aquellos casos en los que no depara placer alguno. Aprovechemos también la oportunidad para aclarar que las parejas homosexuales, entre varones, por ejemplo, no gozan ninguna ventaja sobre las parejas de lesbianas o sobre las parejas heterosexuales sobre este punto. *No importa que no haya mujer en la pareja que críe al niño, siempre habrá alguien que hará las veces de madre, encarnando de manera más o menos decidida su función.*

[58] Hacer una etimología de la palabra "pornografía" excede tanto la extensión del presente ensayo así como su intencionalidad: sin embargo, ¡qué interesante es sondear la etimología de las palabras, en especial, estas que aparecen tal como si tuvieran un significado unívoco! Según diversas fuentes etimológicas hay constancia de que la palabra "pornografía" fue una categoría acuñada para designar ciertos libros de alto contenido sexual, lo que justifica la terminación grafía (escrito) unido al pornos (sexo fuera de matrimonio, sexo con prostitutas).

De hecho, el porno se asocia a la espectacularidad de los actores, sus destrezas físicas, su capacidad para llevar al límite la "experiencia sexual", o bien, la representación de escenas completamente ajenas a lo "común", en las que se represente relaciones incestuosas o en las que se cumplimente aquellas fantasías asociadas a lo imposible por cuestiones de prurito o conveniencia social: relaciones sexuales entre compañeros de trabajo, relaciones sexuales desenfrenadas y promiscuas, etc.

Ahora bien, siguiendo esta línea de pensamiento, poco sentido tendría para la industria del porno representar en video o en una producción fotográfica una escena completamente cotidiana de sexo entre dos personas cualesquiera en las que los recursos del género queden completamente reducidos a la nada; ni vestimenta especial, ni escenarios magníficos, trasgresores o espeluznantes, ni actores capaces de representar "proezas" sexuales. Solamente sexo cotidiano, verdaderamente desnudo de todo montaje a no ser, la fantasía críptica e inaccesible para cualquiera exterior a la pareja (y los sentimientos y sensaciones asociados a la misma). Imaginémonos, ¿cómo y sobre todo por qué, la industria del porno representaría un video de tales características, en el que en vez de una vestimenta destinada a sobre-excitar hubiese una vestimenta cualquiera, en vez de una actriz capaz de sobredimensionar un orgasmo se encontrara una persona cualquiera que tal vez llegue al orgasmo o tal vez no (en la vida cotidiana no hay ediciones), etc.?

A pesar de que juzgaríamos de entrada que tal video sería un fracaso indudable en las ventas, y por tanto incapaz de suscitar el menor interés en la industria, en Internet aparece como la tendencia de mayor relevancia en los últimos tiempos, al punto de amenazar con "tragarse" todo el mercado: se buscan "videos caseros" de personas

IV. Sensualidad y pornografía

reales casi tanto o más que cualquier otro video de producción más o menos elaborada.

¿Por qué se da este fenómeno?

Podríamos considerarlo algo completamente lógico si nos remitimos a épocas pasadas en las que el prurito, la doble moral y la generalizada represión sexual eran fuerzas de increíble vigencia. No hace mucho tiempo atrás un hombre era capaz de excitarse hasta el paroxismo con solo ver unos tobillos delgados o un cuello desnudo. Una mujer era capaz de excitarse de manera sublime con unas lecturas "subidas de tono".

Es entendible que en aquel contexto, en el que primaban el pudor y las exigencias de recato de la cultura occidental, la más mínima escena de sexo cotidiano pudiera ser un tópico de pornografía. Sin embargo, ni siquiera sobre fines del Siglo XIX o principios del Siglo XX la pornografía en fotografías o en las primeras y rudimentarias películas, se caracterizaban por representar escenas de sexo cotidiano.

Por el contrario, incluso en aquellas épocas se apelaba al montaje característico, representado en la lencería y en el auge de la simulación de escenas "sado-masoquistas" (más que nada representadas de forma instrumental: cuerdas, correas, capuchas, etc.); a no ser en el caso en el que la escena cotidiana se transformaba en un montaje, mostrando, por ejemplo, una mujer cambiándose de ropa, simulando una situación normal, pero sobreactuando cada una de sus acciones.

Daniel Adrián Leone

Consigna: simular un montaje no simulado

Es decir, si algo debe llamarnos poderosamente la atención (más que el consumo de pornografía en sí), es *la modalidad que parece haber adoptado tal consumo como exigencia*, dado que el consumo de la pornografía –tal como se manifiesta en Internet– en la actualidad exige de la industria un abandono o *la simulación de un abandono*, de su montaje espectacular: se quiere ver porno que no sea tal, o mejor dicho, no se quiere ver porno de «puro montaje», sino que se quiere ver el *montaje porno sobredeterminando la vida cotidiana*.

Se quiere ver qué tan "puta" (indecente, atrevida, corrompida, etc.) es la vecina, o qué tan afortunado es el vecino al tener sexo con tal o cual persona mucho más hermosa que él o ella y cómo este mancilla esa hermosura corrompiéndola a partir de someterla al sexo. Ni siquiera el lugar exótico o prohibido estimula tanto el morbo de un gran sector de consumidores de porno de Internet como el hecho de que se trate de dos personas cualquiera tomados de improviso, con una cámara oculta, o bien, estando en algún estado alterado de consciencia (ebriedad por drogas, alcohol o durante el sueño).

Es como si el "consumidor de porno actual" se hubiese hastiado de las escenas del montaje pornográfico y quisiera ver algo *más acá de toda pantalla*, si no completamente cotidiano, sí despojado de toda "producción" evidente. Es como si la exigencia morbosa de "crudeza" propia del consumidor del sexo explícito –en el consumidor actual de pornografía (a través de Internet)– se hubiese desplazado *desde el acto a la escena*.

IV. Sensualidad y pornografía

No importa ya si se ven proezas sexuales o primeros planos a los genitales, ni si la actriz (o el actor) poseen un cuerpo "fuera de serie", lo que importa es que la escena sea cruda, sin producción alguna, que se vea todo tal cual sale, con sus defectos, brusquedades, torpezas, etc.

Así, en el interés más o menos compulsivo de capturar la vida sensual tal como se manifiesta en la vida cotidiana, nos parece entrever una aspiración singular, tal como si el consumidor de porno demandara que la industria tomara como consigna directriz simular un montaje no simulado[59] que muestre a dos cualquiera en el preciso momento en el que (sean consciente de ello o no) *son tomados por el montaje de lo porno*, particularmente, en su intimidad cotidiana.

Es decir, se busca captar la relación sensual en su punto más genuino, pero tan solo para "leer" eso genuino, desde una peculiar concepción de la vida sensual.

Sobre este punto debemos detenernos si queremos penetrar en la inteligencia del porqué del porno en la actualidad.

Tanto en el interés de leer lo sensual, lo que implica que el sujeto ha tomado ya tanta distancia de la misma que precisa verla en el exterior, y la necesidad de efectuar esa lectura desde una peculiar

---

[59] Incluso esta tendencia no es privativa de Internet, por más que sea Internet el territorio en el que se ha gestado, Hollywood también, al parecer, ha tomado una idéntica perspectiva al sustituir la simulación de las escenas sexuales a la experiencia sexual directa.

concepción para hallar lo genuino, es decir, *tal y como si sus vivencias y sus concepciones no rindieran apropiadamente para ello.*

IV. Sensualidad y pornografía

La agresión como componente independiente del montaje erótico propio de la pornografía

Algún consumidor de porno que, desilusionado, haya comenzado a leer este libro llegado a este punto levantará su voz para decirnos que nos hemos olvidado de otra perspectiva que crece desmesuradamente: la violencia asociada a la pornografía.

Si vemos hoy lo que tiempo atrás se consideraba pornografía, veremos que se tratan de escenas que rebosan de una ingenuidad supina, incluso en las representaciones que incluían la simulación de "castigos corporales" o en las representaciones de orgías con jóvenes "doncellas" de palidísimo rostro y maquillaje renegrido.

En ningún caso la violencia aparecía en los primeros tiempos de la pornografía fílmica como rasgo distintivo o predominante, y muchísimo menos como rasgo capaz de independizarse del todo erótico que se intentaba emular y componer mediante el montaje fílmico.

Sin embargo, hoy en día, en la pornografía aparece cada vez con mayor preeminencia el rasgo distintivo de la violencia, tendiente a (si no a separarse del todo erótico) a imponerse como polo de atracción erótica, independientemente de todo otro polo de atracción (exhibicionismo, voyeurismo, etc.).

El sexo representado –si no posee el componente de ser tomado de forma completamente casual y "de entre casa"– debe ser verdaderamente agresivo, se debe "romper", "traspasar", "perforar" a la "puta" o al "puto", tal como si el acto de espiar el coito como un polo de atracción morbosa precisara indefectiblemente tener como resorte principal *la facultad de dañar*, pasando incluso a segundo plano el hecho mismo del coito y la exhibición explícita del mismo.

Lo verdaderamente importante parecería ser simplemente que algo justifique el mote de "puta" o de "puto", de corrompido por lo sexual, para justificar, posteriormente, la agresión contra la "puta" o el "puto", agresión que se traslada al acto compulsivo (masturbatorio en un sentido amplio) asociado generalmente al consumo de pornografía y que se expresa en las maneras de describir lo que le harían a "tal o cual" (vía identificación con el sujeto activo de la agresión), por un lado, y por el otro, desplazando la relación entre los dos polos agresivos (activo-pasivo) de los sujetos del film a la relación con su propio órgano sexual, desplazamiento arduamente sostenido mediante la masturbación efectiva o alguna mecánica de idéntica naturaleza pero apartada de su fin sexual[60].

---

[60] Se puede pensar, en este sentido, el acto compulsivo de pasar de un video tras otro, durante horas, sin hallar placer en contemplar uno de ellos sino en el mismo acto de contemplar estrictamente a cualquiera, así como el particular interés cuasi-obsesivo de apoderarse, descubrir o señalar a un video como el mejor de todos, el más osado, el más pervertido, etc., como actos igualmente masturbatorios aunque no conlleven al acto mecánico onanista, dado que, en principio, los dos rasgos de la masturbación están presentes en estos actos: la repetición compulsiva de una escena vivida de forma traumática y angustiante y el intento de dominar por intermedio de esa repetición la angustia que esa escena suscita.

IV. Sensualidad y pornografía

Es interesante plantearse aquí, por qué un tal componente se podría separar del todo erótico que lo integra, aislándose y erigiéndose en una directriz para la experiencia erótica.

Si tenemos en cuenta que hemos dicho que se trata del componente agresivo, manifestado en la intención de dañar, lo que se independiza de esta suerte, debemos señalar que no existiría una tal "intención de dañar" que se manifieste de manera compulsiva y obre como condición al objeto amoroso y a la vida erótica en general, *sin que cobre este componente agresivo un expreso reforzamiento* de un complejo de certezas más o menos consolidadas y con suficiente eficacia afectiva-traumática como para independizar por reforzamiento a este componente agresivo dotándolo de un nuevo significado.

Si nos atenemos a la "intención de dañar" como manifestación de algún complejo de ideas elevadas a la categoría de certezas articuladas al punto de configurar una verdadera cosmovisión capaz de abarcarlo todo, podemos suponer que lo que actúa como refuerzo es la ambivalencia afectiva respecto de una determinada interpretación de la vida sensual; para ello solo deberíamos considerar una circunstancia en la que emerja un *sentimiento de ambivalencia* tal que haga posible que tras "la intención de dañar" se encuentre el "miedo a ser dañado".

En esta equivalencia podemos encontrar el motivo del acto compulsivo, lo que podríamos enunciar de la siguiente manera: cada vez que temo ser dañado, manifiesto un interés especial en dañar, que se expresa en la intención de ver dañado al agresor temido o bien, la intención de ver que *el agresor temido daña-castiga a aquel objeto capaz de hacerme merecedor del daño interpretado como castigo.*

IV. Sensualidad y pornografía

La concepción sádica del coito

El concepto «concepción sádica del coito» fue acuñado por Sigmund Freud a partir de una experiencia que, según hubo de comprobar, se repetía en muchos de sus pacientes y en otras personas consultadas... en algún momento el niño o la niña tenían una borrosa percepción del coito de sus padres, sea por obra de la casualidad, o fruto de la intriga que despierta la investigación sexual infantil al percibir sonidos en la habitación de los padres fuera de lo común.

Gemidos y jadeos, la agitación al respirar, etc., así como las posiciones sexuales en general, dan una percepción global que el niño no puede interpretar más que como una pelea[61] (situación en la que se

---

[61] Esto no quiere decir sin lugar a dudas que todo niño haya tenido la oportunidad de percibir claramente la escena sexual parental, basta con que se haya arrimado a la puerta o espiado por la cerradura, por ejemplo, para que tenga una percepción fragmentaria. No nos olvidemos que, como ya hemos dicho, el niño sabe darle razón a todo lo que acontece. De buenas a primeras, al captar así un fragmento de la escena amorosa, seguramente no logra entender qué es lo que está pasando, pero, seguramente también, encontrará posteriormente maneras de explicárselo. Sobre todo si es capturado in fraganti espiando o si al preguntar inocentemente sobre aquellos "ruidos" es castigado o amonestado de alguna manera. Obviamente también cabe la posibilidad que haya niños que jamás hayan percibido ningún fragmento de escena de coito ni entre los padres, ni entre ninguna persona, pero, tal vez, hayan visto algún animal doméstico teniendo relaciones o bien, alguna escena fílmica en TV, aunque lo oculten deliberadamente durante mucho tiempo antes de manifestarlo. Incluso en el caso de que nada de eso ocurriera, la propia experiencia sexual, le sirve como guía a partir de las advertencias y las reprimendas contra la

presentan análogas expresiones), por lo que la primera huella de inscripción psíquica del coito se cimienta con el signo de la agresión, grabándose como un hecho sádico (abusar de otro, pegarle y dominarlo) y reinterpretando todo hecho sexual anterior y posterior (según el signo agresivo) como expresiones de crueldad.

Así, en mayor o menor grado, la representación del coito queda signada por un rasgo distintivo sádico a partir del cual se interpreta el coito como castigo y en función de esto, la posición activa como castigador y la posición pasiva como castigado.

---

masturbación, por ejemplo, o contra cualquier otra escena remotamente sexual, particularmente en las niñas se ve esto reflejado en la vida cotidiana, en la reprimenda cuando la niña no se comporta como una "señorita" y descuida su vestir o bien, se sienta sin "cerrar las piernas", por ejemplo. Incluso la reprimenda contra la mera investigación sexual, tanto en relación al coito como en relación a la identidad sexual y al embarazo, fenómenos más o menos desarticulados en la concepción del niño pequeño, pueden servir para la constitución de esta "concepción sádica del coito".

IV. Sensualidad y pornografía

El coito, del castigo físico al castigo moral

Definamos mejor el mecanismo implícito en esta construcción imaginaria que llamamos "concepción sádica del coito". En un primer momento, se interpreta el coito como pelea, como acción agresiva, sin que haya un agregado moral al mismo.

Incluso el niño puede identificarse con la posición activa de agresor respecto de la persona agredida (desarrollando a posteriori un profundo desprecio para con esta) y elaborar fantasías destinadas a explicar lo que ha oído y visto, pero también, conforme desarrolle la fantasía (y la experiencia de la fantasía comience a depararle placer), no podrá dejar de identificarse (por culpa para) con la persona agredida (desarrollando un profundo temor y rechazo) para con el agresor.

Esta doble actitud del niño para con la situación entre los dos sujetos del coito, ambivalente y por cierto, angustiante, *hará que el niño revista de un carácter moral su concepción del coito*, en la que la violencia física pasará a segundo plano con respecto a la agresión moral, la denigración y el menosprecio. Paralelamente, o en un tiempo inmediatamente posterior, se desarrollará en mayor o menor medida una resignificación de todas las manifestaciones agresivas en las que se vio implicado revistiéndose estas de un doble carácter, sexual por un lado y por el otro, moral[62].

---

[62] Los niños sometidos de forma asidua a maltrato físico so pretextos (bestialmente) educativos, por ejemplo, interpretarán esas palizas desde la doble

Así, el coito (y por extensión, todo lo que remita a lo sexual para el niño) durante algún tiempo (en el mejor de los casos, y para toda la vida en otros) será objeto de *ambivalencia angustiante*, en el que tendrá que optar por identificarse con una posición u otra, agresivo y por tanto activo (pero también culpable de serlo), o bien, agredido y por lo tanto pasivo pero también merecedor de castigo y denigración, sin poder optar por ninguna de las opciones duraderamente hasta en el mejor de los casos, la adolescencia, período que culmina la extensa represión y olvido de la infancia en lo concerniente a este conflicto psíquico.

---

significación que ostenta lo agresivo, es decir, desde la esfera de lo sexual a la esfera de lo moral.

IV. Sensualidad y pornografía

Agresión, sexualidad y moral

Estos tres conceptos (agresión, sexualidad y moral), para el niño, se asocian de forma casi indisoluble, *conformando una suerte de todo conceptual*, al punto tal de que el sexo aparece teñido de agresión y moral, y a la vez, la agresión aparece teñida de sexualidad y moral.

La preeminencia de un entorno signado por lo moral y/o por lo agresivo seguramente lo llevará a reprimir fuertemente el rasgo sexual, liberando el componente agresivo identificándose con la posición activa del agresor y a la vez, la preeminencia de un entorno decididamente sexuado lo llevará a consolidar la certeza del coito como sadismo, estableciéndose como concepción universal, y por tanto, extendiéndose del coito (como representación de toda relación entre sexos) a todas las relaciones posibles (sexuales y no sexuales) incluso, aquellas que establezca consigo mismo.

Tan solo la comprensión de padres y maestros (en primera instancia y de la sociedad en su conjunto en segunda instancia) no ya sobre lo que experimenta el niño sino al menos sobre estas maneras posibles, puede facilitar el tránsito desde esta primera impresión desfavorable hacia una resignificación del coito y, por tanto, de todas las relaciones en función del amor, el cariño y la empatía.

Sin embargo, esta situación ideal no solo no se da frecuentemente sino que, desgraciadamente, solo se da en casos aislados.

En general, las vivencias sexuales del niño son asociadas a castigos físicos y/o morales (manipulación por la culpa), con lo que el niño en vez de superar este gran conflicto que le es exterior, se entierra en él hasta encarnarlo como ideología[63].

Podríamos señalar aquí, que, la concepción sádica del coito se erige en el niño como un primer núcleo culposo que lo atormentará durante toda su niñez y en mayor o menor medida durante toda su vida.

Se sentirá culpable por gozar en hacer sufrir a otro el castigo de someterlo a su deseo, o se sentirá culpable de denigrarse frente a otro que tiene la intención de someterlo.

O se sentirá triunfante al fantasear con someter a aquel que se haya sometido pero culposo por no lograrlo en la realidad o peor, por suponerse capaz de realizarlo, puesto que aquel que lo somete a castigos, también es su ideal y someter el ideal es lo mismo que denigrarlo[64].

---

[63] Y en esto no solo padres y maestros tendrían que reconocer su participación activa, sino también otros actores sociales, como los publicistas, por ejemplo, deberían tener bien en claro que ciertas publicidades en la vida actual poseen una fuerza insoslayable.

[64] En este punto interviene una significación extra que se integra en la concepción sádica del coito, la interpretación de lo sexual como algo sucio, capaz de mancillar, ensuciar a todo aquel que lo experimente o desee experimentarlo. El psicoanálisis nos ilustra al respecto aclarándonos que se trata de la significación propia del erotismo de la fase anal (en un segundo tiempo) lo que aporta la idea de ensuciar a alguien como acto agresivo.

IV. Sensualidad y pornografía

La concepción sádica-moral de la vida de relación

Es importante que entendamos que con toda esta circunstancia que le toca vivir al niño pequeño, su capacidad de compresión de niño se ve agobiada y poderosamente restringida por *la necesidad de argumentar de manera válida y más o menos precisa un relato explicativo* que integre todos los elementos verdaderos pero discontinuos e irreconciliables que hacen a la concepción sádica del coito, dado que: desde una perspectiva fenomenológica el coito (concebido infantilmente) es una agresión carente de sentido y de límite; desde una perspectiva relacional, el coito es concebido como una relación jerárquica verticalista, en la que hay un sometido y un sometedor; y desde una perspectiva moral, se trata de un castigo merecido, infligido claro está, por alguien con capacidad de legislar sobre lo bueno y lo malo.

Pero, a la vez, el coito presenta para el niño un aspecto distinto y que subyace a esta concepción sádica del coito, dado que es un hecho curioso algo que estimula el deseo de contemplación e investigación[65].

Si el niño quisiera "practicar el coito" no es por el coito en sí como expresión sexual (y menos aún, por una desaforada y anti-

---

[65] Y cuando decimos que se trata de un hecho curioso, debemos entender esto en código infantil, esto es, todo aquello capaz de fomentar la suficiente curiosidad como para vencer la vergüenza o las prohibiciones y las amenazas en un niño, siempre se trata de algo concebido como privilegio y por tanto algo que quisiera tener (hacer) o ser.

natural expresividad de lo sexual), *sino para obtener para sí los privilegios que le supone*: el privilegio de expresar la agresión (que experimenta en su interior fruto de frustraciones y malos tratos) de forma ilimitada, el privilegio de castigar ejemplarmente a aquellos que le han ocasionado displacer, el privilegio de someter violentamente y por puro poder a todos aquellos a los que desea como objetos, tan solo con el fin de tenerlos a su disposición, para satisfacer sus impulsos tiernos y sus aspiraciones caprichosas.

Todo eso es lo que el niño capta como aspiraciones materializadas en el "coito" (y más precisamente en todo lo referente a la "relaciones sexuales") interpretándolo bajo el signo del sadismo[66].

A esta primera captación se le agrega el hecho de haber sido censurado en sus impulsos tanto voyeuristas como exhibicionistas, lo cual sobre-estimula el carácter criminal del acto, quedando así todo lo que ha experimentado respecto de la sexualidad como algo reprobable, criminal; convirtiéndose en fuente inconmensurable de culpa en sus diversas versiones: la necesidad de castigo (enfermedades psicosomáticas, debilidad corporal, tendencia a la torpeza, etc.) y/o la cristalización de la culpa en modos de

---

[66] De hecho, se trata de actos que son fácilmente interpretados como censurables desde su óptica: se dan a escondidas, le está prohibido referirse a ello, no puede preguntar sin recibir respuestas evasivas o algún castigo si persiste en la repregunta, etc.

relacionarse (agresivos o masoquistas) o en rasgo de carácter (personalidad introvertida, dubitativa, rencorosa, etc.)[67].

Así, la «concepción sádica del coito», pasa de ser una construcción imaginaria destinada a explicar-relatar –aunque sea, defectuosamente– algo percibido de forma arbitraria y completamente ajena a la posibilidad de entendimiento del niño pero reducida a un fenómeno determinado, a extenderse a la vida de relación en su conjunto más allá de la distinción sexual y de la escena propiamente sexual del coito.

Necesidad de pantalla y conquista de la sensualidad

Te invito, querido lector, a que no dejemos pasar esta magnífica oportunidad para señalar cómo se articula la necesidad de pantalla y la conquista de la sensualidad como primer paso hacia la constitución subjetiva de la que hablábamos al comienzo de este libro.

El niño podrá superar la maraña de afectos, sensaciones y construcciones imaginarias (que suponen la concepción sádica del

---

[67] Por una cuestión de extensión del presente ensayo y en función a su contenido no hemos expuesto más que someramente y a grandes rasgos estas posibles consecuencias sin aclarar la intervención de otros factores contribuyentes o atenuantes a las mismas: nuestro fin no es explicar cómo se articula la concepción sádica del coito en la infancia, sino mostrar cómo la concepción sádica del coito se articula como sustento psicológico, particularmente en este punto con respecto al consumo de pornografía, pero también, como veremos más adelante, con respecto a la sensualidad y a las temporalidades que Internet (como medio masivo) le impone.

coito y que lo invaden de angustia y amenazan con hacerlo sucumbir a la culpa como un criminal), conquistando el acceso a la sensualidad siempre y cuando haya para él alguien capaz de actuar de pantalla frente a lo arbitrario de la profunda impresión causada por la observación (o la deducción) de la escena sexual, y en particular *por la excesiva violencia que ha provocado en su capacidad intelectiva tener que explicar aquello de lo que nada de su experiencia previa le permite explicar realmente*, más que desde la óptica sádica (por extrapolación, la escena del coito recuerda a una escena de pelea).

Vale aclarar aquí a qué llamamos "actuar de pantalla para el niño". No se trata, seguramente, de dar explicaciones[68], tal y como lo suponen las avanzadas pedagógicas más o menos actuales, y mucho menos hacer como si nada hubiera pasado o como si fuesen simples fabulaciones del niño. Menos aún podemos creer que el niño podrá superar el tormento que le provoca su construcción imaginaria-explicativa fallida adquiriendo otra construcción explicativa tanto o más imaginaria y fallida que la del niño (como la historia de la cigüeña, pero, también la explicación científica sobre el tema).

---

[68] Nada más ridículo que pretender darle explicaciones a un niño, puesto que no hay nada que concierna al interés del niño que este no se haya explicado alguna vez de forma más o menos compulsiva, según la angustia que el objeto de interés sea capaz de provocar. Dicho de otra manera, jamás un adulto vuelve a poseer la facultad de producir explicaciones que hubo de poseer de niño.

IV. Sensualidad y pornografía

El niño *no precisa de explicaciones*: posee demasiadas ya al querer cubrir todos los aspectos de toda una pluralidad de fenómenos ajeno a su capacidad de comprensión y que por tanto desconoce.

Tampoco podemos creer, sinceramente hablando, que mostrarle que papá y mamá son iguales en derechos y en posibilidades, y que ambos tienen un profundo respeto por el otro y su autonomía puede aportar alguna solución, por más que haya una verdadera tendencia a realizar esta imbecilidad en la actualidad.

Actuar de "pantalla para el niño" implica que entendamos claramente que estamos adoptando una postura para el niño "exterior" y no para el niño más o menos angustiado que llevamos dentro. Implica tan solo estar ahí, no a disposición del niño, sino dispuestos a intervenir sobre nuestros propias construcciones imaginarias infantiles para darle paso a las construcciones imaginarias infantiles del niño.

Ubicarse en lugar de "pantalla para el niño" implica darse como objeto de investigación y experimentación, por momentos, para que el niño pueda dar expresión a los sentimientos que lo atormentan (culpa, agresividad, tensión física e impotencia), y también ayudarlo a continuar su laboriosa investigación hasta alcanzar una respuesta que lo tranquilice[69].

El niño pequeño es un investigador capaz de empañar los logros del científico más avezado, pero, también, posee otro carácter

---

[69] No tiene por qué ser "la respuesta correcta" para la ciencia, la educación o para la religión, sino que tiene que ser la respuesta adecuada para consigo mismo.

como investigador capaz de avergonzar a más de un adulto: *posee un profundo sentimiento de honestidad intelectual*. Sabrá abandonar pacientemente sus hipótesis cuando comprenda que su intelecto aún no logra (por falta de datos) descubrir la naturaleza de un fenómeno, posponiendo esta línea de investigación para más adelante.

Debemos entender que si el niño persiste en investigar hasta el fondo esta cuestión de la sexualidad (aunque lo conduzca al callejón sin salida de la construcción imaginaria que hemos llamado "la concepción sádica del coito") no es por casualidad ni por una suerte de obstinación antinatural; todo niño que persiste en entender algo que desde el vamos le provoca angustia está apostando al único recurso que dispone para superar un gran afluente de angustia, apelando al mecanismo de sustituir *la angustia afectiva por una angustia intelectual*.

El carácter compulsivo que posee para algunos niños la investigación sexual, no consiste en otra cosa que en este intento.

Es por eso que ahí, los padres (o quienes hagan las veces de ellos) deben apelar a proveerle al niño (cuando este lo requiera) ciertos canales de tramitación de la angustia emotiva. No se trata, claro está, de "contenerlos" sino de todo lo contrario: el niño debe avanzar en sus investigaciones hasta agotarlas para luego comprender y aceptar (sin mayor frustración) que debe dejar para más adelante tal investigación, además, el niño adquiere con esto la magnífica oportunidad de aprender a gobernar sobre sus emociones, cosa que logrará *al poder manejar una pequeña dosis de angustia*.

IV. Sensualidad y pornografía

El padre o la madre, ubicados en lugar de pantalla estarán ahí, como un entrenador de box, esperando y confiando en su peleador, dispuesto a aconsejarlo entre "round" y "round", y dispuesto también a frenar la pelea cuando esta se torne imposible, sin desanimar a su pupilo sino por el contrario, ayudándolo a confiar en sus fuerzas y en sus futuros entrenamientos para conquistar el triunfo en una próxima batalla.

Daniel Adrián Leone

Del consumo al consumismo de pornografía

Sin duda alguna, estas reflexiones introductorias sobre la "concepción sádica del coito" nos sirven como un puntapié más que interesante para contextualizar el fenómeno de la pornografía y más precisamente el "consumismo" de la pornografía.

Hablamos de «consumismo» y no de "consumo" puesto que el consumo se explica de forma sencilla en virtud de diversas tendencias no compulsivas ni excluyentes: la curiosidad por formas extrañas de sexualidad, cierto grado de morbo que actúa como lenitivo contra la violencia y el aburrimiento inercial de la vida adulta "en sociedad", el interés en reafirmar las construcciones imaginarias a las que llamamos "identidad sexual" y "orientación sexual", particularmente cuando están constituidas a partir de prejuicios más o menos universales (por ejemplo si a través de la pornografía puedo comprobar que "todas las mujeres son insaciables", puedo explicar mi desinterés por la otra persona en lo que concierne a su satisfacción); etc., etc.

Ahora bien, estos "usos de la pornografía" como paliativo frente a la tensión de la vida en sociedad, como sobre-estímulo frente a la inercia y el aburrimiento, o como manera de "espiar" diversas formas de la experiencia sexual que explican perfectamente el consumo de pornografía, también podrían suponerse como explicaciones precisas para lo que hemos dado en llamar el "consumismo de la pornografía", diciendo, por ejemplo, que en el consumismo hay una suerte de exageración de los motivos que conducen al consumo; pero, hay una diferencia radical entre una conducta y otra.

IV. Sensualidad y pornografía

Mientras en el caso del consumo de pornografía el sujeto apela a este recurso como "muleta psíquica" que le permite soliviar su vida cotidiana, en el consumismo, la "muleta psíquica" se torna indispensable y cobra un carácter compulsivo, llegando en algunos casos extremos a sustituir totalmente o en gran parte su vida erótica de relación, constituyéndose en el único medio y en el modo privilegiado de relacionarse, mejor aún, de concebir la idea misma de relación.

La función social de la pornografía

En el caso del consumo de pornografía tal y como lo hemos descripto no podemos hablar de una función social de la pornografía dado que el consumo de pornografía no tiene una validez superior a auxiliar o estimular la fantasía y el deseo en aquellos momentos en los que la persona se siente vencida por la inercia de la vida social y sus consecuentes frustraciones.

En cambio, en el caso del consumismo de pornografía la actuación de una función social es claramente discernible.

No se trata ya de encontrar un auxilio o un estímulo, sino de buscar desesperadamente algo que se presente como *todo un montaje capaz de dar soporte* a la necesidad de gestar fantasías y construir un deseo por un lado, y por otro, de algo mucho más primitivo y oculto, la necesidad de procurar en el montaje pornográfico una pantalla frente a la re-activación del miedo a ser dañado o merecedor de castigo, miedo que se reactiva, en el curso de la adolescencia y por la exaltación de la sexualidad, el interés de autoafirmación y la aspiración a someter a otros a su potencia.

Es por esto que el consumismo de pornografía adquiere la capacidad de sustituir la vida erótica de relación y constituirse así en una nueva red proveedora no solo de relaciones sino también de *modos de relacionarse*.

Así, si quisiéramos abogar por la idea de que "el culto a la pornografía" es una manera de vivir la sensualidad como sostienen los defensores de la pornografía, deberíamos aclarar que el consumo de pornografía ocasional no puede ser considerado una manera de vivir la sensualidad, dado que no modifica sustancialmente la manera de vivir la sensualidad, siendo tan solo un postizo o una prótesis capaz de enmascarar o apuntalar la sensualidad previamente establecida; menos aún podemos suscribir a la idea de considerar a lo que hemos llamado el consumismo de la pornografía un modo de vivir la sensualidad, dado que en este caso, el concepto de semejante y de lazo de empatía, dos elementos fundamentales para cualquier lazo sensual, no aparecen en escena.

Mediante la criminalización del otro, mostrado deliberadamente y de forma cruda como corrompido, roto, castigado, etc., se busca equipararlo al criminal que uno supone que es (según la concepción sádica del coito); es decir, se busca denigrar al otro a la categoría de criminal o víctima de criminalidad, para poder ganarlo como semejante[70].

---

[70] Si mi partenaire es tan merecedor de castigo como yo, dado que ambos somos culpables y corrompibles por la potencia de lo sexual orientada en la intención

IV. Sensualidad y pornografía

Lo cual implica dos cosas básicas, a saber:

1. Que se parte de la certeza de que el otro es puro y no criminal como yo, por lo tanto, no es un semejante.

2. Que no existe un mínimo de empatía fruto de un lazo social-afectivo para con el otro, dado que, al no ser concebido como semejante no se puede establecer para con este ningún tipo de relación.

La encrucijada de la sensualidad

Es interesante aquí que nos detengamos una vez más en la consideración de la función de «pantalla» que pueden y deben cumplir padres, maestros, educadores y la sociedad en general, puesto que, como ya hemos dicho, el niño precisa de algún otro que soporte la función de «pantalla» que le permita superar la acción de la angustia que lo lleva a un modo de actuar compulsivo.

Si retenemos lo que hemos desarrollado hasta aquí respecto de la «concepción sádica del coito» en virtud de lo que hemos comprendido sobre la función de «pantalla» podemos avanzar y comprender más sobre el consumismo de pornografía tal como se experimenta hoy en día a través de Internet, y, además, cómo se configura como una manera de experimentar la sensualidad.

---

infantil de autoafirmación y la aspiración a castigar a todos aquellos que no se sometan al imperio de nuestra potencia, por tanto, es un igual con el que me puedo relacionar.

Podríamos decir que avanza el desinterés sobre el cuidado de los niños y adolescentes, haciendo hincapié, en que cuidado no significa imposición de explicaciones, patrones de conductas y alguna moralina de factura *ad hoc*, sino algo mucho más simple y loable: entender que el niño y el (pre-) adolescente) precisa de un adulto que esté ahí para atemperar la incidencia de lo incompresible y su consecuente inundación de angustia, permitiéndole desarrollar sus propias hipótesis hasta que pueda dominar, en parte, su angustia.

Si nos volvemos sobre lo que hemos articulado sobre el consumismo de pornografía desde la óptica de la necesidad de pantalla y la acción compulsiva que resulta desde las falencias en este sentido, se busca, según hemos señalado, ver lo cotidiano desde el montaje de la pornografía. De hecho, se busca experimentar la sensualidad desde el montaje pornográfico y esto es explícito en lo cotidiano, a través, por ejemplo, de las maneras de apreciar al partenaire sexual.

Ya no importan sus atributos, facultades o condiciones, si estas no comportan algún rasgo agresivo o pasible de ser re-interpretado de manera agresiva. *Todo rasgo sensual debe ser pasible de ser tomado exclusivamente como atributo-nominal en una escala de atributos-nominales* (sean considerados estos atributos como algo agresivo o despreciable, humillante y denigrante, etc.) *para cobrar eficacia "sensual".*

La seducción en sí misma, hoy por hoy, parecería que, para un gran conjunto de personas, solo se puede experimentar desde un aborrecimiento al otro como semejante, desde un rechazo radical al otro, lo que refleja la independencia y hasta cierto punto, la primacía

IV. Sensualidad y pornografía

del componente agresivo (y/o del componente especulativo) en el montaje de seducción de cualquier otro componente erótico.

La persona del partenaire debe ser considerada corrompida por lo sexual (concepción sádica del coito) y la manera de expresar la atracción por esta, es, humillarla o mostrarla denigrada de algún modo. O bien, se prioriza ya no la persona del partenaire, sino alguna facultad que puede prodigarnos el relacionarnos con esa persona.

En este punto, es perfectamente comprensible el mecanismo psicológico que sustenta el consumismo de la pornografía y su correlato, la criminalización de la vida de relación.

El niño, a falta de ese "tiempo extra" que le provee otro como pantalla, se ve acuciado por la angustia y por tanto desbaratado en todos sus intentos intelectivos por dar con alguna explicación que le permita dar solución a ese conflicto que le representa lo ambivalente del sexo y de la vida de relación en su conjunto al estar poderosamente condicionado por la «concepción sádica del coito», y, por lo tanto, se vuelca a repetir compulsivamente la única ecuación que ha podido elaborar, esto es, la ecuación entre las diversas interpretaciones de la experiencia de la sexualidad (la sexualidad como modo de exteriorizar agresión, como castigo físico y como castigo moral). Asegurándose así que ninguna manifestación de la experiencia de lo sexual quede sin ser debidamente re-interpretada en alguno de estos sentidos.

Es decir, en este punto, para el niño-adolescente y posteriormente para el adulto, el progreso de la sexualidad a la sensualidad y el desarrollo consecuente del lazo de empatía, situándose como un semejante en un mundo de semejantes, queda poderosamente restringido, al punto que, en algunos casos cae por completo, fracasando este rendimiento psíquico al que hemos llamado "sensualidad" en su intento por reconducir la aspiración básica sexual de la extinción de toda tensión sexual a la producción de un interés erótico por la persona del partenaire.

Así, tras este fracaso de la sensualidad por producir un interés erótico por el otro, por la intensa afectación angustiante que desborda al sujeto (privándolo más o menos completamente de su capacidad intelectiva), se produce un interés compulsivo por suprimir al otro, siendo concebido el otro no solo como fuente de displacer que entraña la acumulación de tensión sexual, sino también, como fuente de culpabilidad, frustración y humillación.

Con estas manifestaciones (la criminalización de la vida de relación y el auge del consumismo de pornografía) es como si se expresara el siguiente razonamiento: la tensión sexual nos lleva a relacionarnos con algún otro, y es esa tensión lo que nos mueve a la ambivalencia de sentirnos criminales y víctimas de criminalidad, exaltando nuestra agresividad y volviéndonos temerosos de la agresividad (propia y del otro), a la vez, denigrándonos y humillándonos al someternos a la impotencia que nos representa darnos cuenta de que estamos a merced de nuestra incapacidad para manejar nuestro propio cuerpo.

Como respuesta a este razonamiento condicionado por la angustia y la presión ejercida por la concepción sádica del coito, aparece la aspiración a ser "auto-consciente", es decir, ser plenamente consciente de todos los actos y buscar la plena correspondencia entre

IV. Sensualidad y pornografía

acto y pensamiento, es decir, la supresión del tiempo entre acción y reacción, estímulo y respuesta.

Así, la sensualidad en tiempos de Internet es una sensualidad que se pone en juego en la encrucijada entre *las interpretaciones psico-sociales desde la «concepción sádica del coito» sobre la sexualidad y la vida de relación* por un lado, y por el otro, *la especulación afectiva-conductal fruto de la aspiración delirante del autodominio de sí y la omni-consciencia de todos nuestros actos.*

V. La sensualidad en tiempos de Internet

V. La sensualidad en tiempos de Internet

El amor en tiempos de Internet

El amor es cuestión de tiempos. No se puede pensar en la relación que el amor establece fuera del ritmo que imprime su experiencia –alterando definitivamente los tiempos subjetivos de los sujetos implicados– imponiéndoles como consigna abandonar los tiempos propios de la alienación, esas eternidades en las que la historia subjetiva aparece como una sucesión de instantáneas más o menos articuladas por un relato posterior.

El amor impone entonces un esfuerzo subjetivo para nada menor: quien quiera experimentar el amor debe estar dispuesto a entregarse a una dinámica pulsátil, libre de toda estructura previa, y por qué no decirlo con todas las letras, anárquica. El amor no soporta, literalmente hablando, *los tiempos propios de la neurosis, ni los tiempos de alienación alguna*, dado que el único tiempo que soporta es el aquí y ahora de la creatividad, de la erupción constante del deseo. Por eso una relación de amor nos da la posibilidad de crecer, de salir de los escondrijos propios de las elucubraciones infantiles para acceder a un nuevo mundo: el mundo de lo posible, el mundo por realizar.

Si la sensualidad puede aparecer en tiempos de Internet no es por casualidad: el amor aparece mediatizado por el modo de relación que impone Internet (en tanto montaje privilegiado de reordenamiento social que impone la construcción imaginaria llamada mercado y el uso que hacen de esta quienes dan curso libre a sus impulsos de dominio).

El sujeto dispone aún de su capacidad de amar pero no puede ponerla en marcha sino es a través del modo de relación impuesto: no hay lugar en la aldea global (en esta suerte de "Panacea de la comunicación") para establecer una relación que no pase por "conectarse" a algo más amplio, adquiriendo, por ejemplo, algunas de las imposturas propuestas como *clave de acceso* para encarnar el sujeto ideal, es decir, a aquel sujeto (del mercado) cuya potencia no posee límites en su capacidad de acción a través del consumismo de información.

Temporalidad subjetiva, temporalidad virtual

Usualmente nada sabemos de las temporalidades que nos habitan.

Usualmente poco queremos saber de estas.

Por algún extraño motivo hemos llegado a asimilar, de forma más o menos automática y sin reflexión alguna, una de estas temporalidades que encarnamos y nos sujetamos a esta, tal y como si nos correspondiese punto por punto[71].

---

[71] Decimos temporalidad asumida y no "elegida" puesto que aunque podamos argumentar una explicación más o menos convincente la "elección", y nos sintamos cómodos en el ritmo que nos propone, siempre es ajena a todo acto voluntario y en general, ajena a toda producción subjetiva. Nada más que integra de manera tan temprana la unidad yoica *yosoyasí* que la suponemos nuestro más preciado tesoro.

V. La sensualidad en tiempos de Internet

Poco nos importa que la experiencia en la vida cotidiana nos demuestre que esa temporalidad que portamos y desde la cual nos entregamos a la experiencia de vivir se demuestre más o menos incapaz de darnos el tiempo preciso para realizarnos como personas: aunque esa temporalidad nos depare, exclusivamente, angustia e impotencia, seguiremos privilegiándola.

Esta temporalidad privilegiada (no es la única) a la que nos sometemos alegremente, no es propia: no la hemos producido ni la hemos elegido, solo la hemos acogido en nuestro interior, revistiéndola de interés narcisista, tal como si correspondiese a nuestro yo[72].

En este sentido podemos decir que *toda temporalidad narcisista es una temporalidad virtual*. No es real, no nos pertenece más que *por haberla enmascarado tal como si nos perteneciera*. No estamos implicados en esta temporalidad como sujetos, no es una producción propia, sino y en toda regla, un condicionamiento temprano. Las temporalidades que nos son propias nos asustan: las vemos poco desarrolladas e impotentes, las vemos demasiado peligrosas para la integridad de nuestro orgullo narcisista, pero también para relacionarnos a través de estas.

---

[72] La clave para entender esta extraña conducta está en preguntarse qué preserva ese modo de experimentar el tempo (en el sentido musical del término); qué preserva y no solo qué sino acaso, a quién preserva. En relación a quién hemos incorporado tan afectivamente esa temporalidad. En qué relación hemos aprendido ese modo de relación.

Por eso, no es de extrañar que cuando la temporalidad virtual privilegiada a la que estamos alienados, comienza a cojear *en vez de producir una temporalidad propia, elijamos procurarle extensiones*, parches, postizos, etc. (el quid de la cuestión es que siga funcionando); antes de elegir rescatar del arcón de los recuerdos algunas de esas temporalidades que quedaron truncas en la infancia y que solo fueron experimentadas y construidas en el registro de la fantasía, optamos *por adquirir* algunas de las imposturas que se nos ofrecen desde "el mercado".

Podemos soñar con nuestras propias temporalidades, podemos entregarnos a éstas de forma esporádica y controlada, pero, de ninguna manera podemos rescatarlas, darle legitimidad y privilegiarlas como tempo directriz de nuestras vidas.

Si hemos asumido como propio (y no solo como propio sino como temporalidad privilegiada) *un tiempo que no nos pertenece* y en el que no estamos implicados como sujeto sino que, por el contrario, se trata de una temporalidad que hemos padecido de alguna manera, no es por casualidad: la realidad se encargó de demostrarnos que esa temporalidad era más efectiva o, al menos, que era la temporalidad aprobada, legitimada, por aquel que se sostenía como ley en la relación en la que estábamos implicados[73].

---

[73] El niño no resigna las temporalidades que promueven sus fantasías por miedo a que estas no "funcionen" en la realidad, sino porque, insistentemente, hay algún otro con autoridad, demostrando que estas no sirven.

V. La sensualidad en tiempos de Internet

La temporalidad que provee Internet (como montaje privilegiado del mercado) no posee, en realidad, nada de particular. No es algo producido por Internet sino algo que a través de Internet se propaga y asienta como certeza: *no hay temporalidad distinta a la temporalidad de los mercados*.

En este punto deberíamos decir: temporalidad subjetiva y temporalidad virtual coinciden en Internet, no porque se fundan unas y otras, sino porque, *la temporalidad virtual que promueve Internet no es otra cosa que la suma de diversas temporalidades subjetivas reunidas en abstracto como si fuese una nueva entidad*.

¿Cómo ama el "sujeto del mercado"?

Basta con considerar cómo ama el "sujeto del mercado" (es decir, esta abstracción que se nos impone como ideal de sujeto y que encarnamos de manera más o menos consciente y más o menos automática como sujeto ideal) para comprender cómo se adquiere – para la temporalidad a la que estamos alienados de forma temprana– nuevas extensiones, nuevos "*plug in*" pseudo-subjetivos.

El "sujeto del mercado" es un "sujeto" informado, un sujeto que hace de la información (que se le provee) *el sustituto ideal para la experiencia*, por lo que el "el sujeto del mercado" en vez de experimentar y arriesgarse a caer de su ideal de ser completamente consciente de todo lo que sucede, realiza un *search* en Google.

Para el "sujeto del mercado" basta con googlear "todo sobre las mujeres" para adquirir ese saber, tal como si tras la denominación "las mujeres" no hubiera otra cosa que un fenómeno capaz de responder unívocamente al patrón de conducta preestablecido. Para el "sujeto del mercado" el conjunto heterogéneo, arbitrario, contingente e inaccesible en su totalidad, que se subsume al nombre "realidad" es perfectamente reducible a un patrón de conducta o a una nómina de atributos.

Basta con saber el algoritmo, la fórmula en la que se sustenta esas conductas para saber cómo modificarlas, cómo manipularlas para que le brinden la satisfacción que espera. Basta con comparar la realidad particular con la nómina de atributos de realidades particulares. El "sujeto del mercado" por tanto, *establece relaciones perfectamente controladas, predecibles, tal como si no hubiese relación posible fuera de tal montaje, pero también, como si nada de lo real quedara por fuera de tal montaje.*

La "vida de relación": de Internet a la realidad

Así, la "vida de relación", para el "sujeto del mercado" no pasa por ninguna otra cosa que *aprender a identificar la clasificación y la mecánica de un determinado montaje para adoptar la impostura correspondiente.*

Después de todo, la experiencia del mundo real no es un dato de fiar. En la vida cotidiana, los mecanismos están sujetos al azar y al arbitrio, las conductas son erráticas y en constante desafío a lo unívoco, las realidades no coinciden en sus características básicas y ni siquiera en parte con los atributos-nominales con las que se las nombran.

V. La sensualidad en tiempos de Internet

Evidentemente este *modus operandi* del "sujeto del mercado" no es aplicable a la realidad de la vida cotidiana; lo que no quiere decir que no se intente.

Como ya hemos dicho, el "sujeto del mercado", no es propiamente un sujeto sino más bien una construcción imaginaria que se propone como "ideal del sujeto", es decir, como sujeto-todo-poder, capaz de lograr –de forma inmediata y sin conflictos– todo aquello que el sujeto en la vida cotidiana debe procurarse mediante un trabajo afectivo en contra de sus propias inercias, alienaciones, etc.

Pero esto no quiere decir que no se encarne posteriormente.

Así muchas personas se conducen en la vida como si no fueran más que *reediciones más o menos perfectas de esta construcción imaginaria*, disponiendo capacidad e interés al servicio de ser tal como debo ser, según lo propuesto como ideal con el fin de lograr superar los obstáculos que le plantea a cualquier sujeto realizarse como persona en la vida cotidiana.

De hecho, no importa qué se deba sacrificar, ni quién obtiene los réditos de este sacrificio cuando "la realidad" es experimentada desde lo que llamamos "la concepción sádica del coito"[74].

---

[74] Es decir, signada por un matiz hostil, a partir del cual se interpreta toda frustración como castigo y se impone la necesidad de manipular por la culpa o especular con los afectos (de manera tal de pertenecer a cualquier tipo de lazo pero sin estar involucrado en ninguno).

Ahora bien, esta manera propuesta, literalmente, como super-efectiva en un "mundo virtual", difícilmente se puede aplicar a la realidad.

Cuando la persona cae por fuera de toda conexión posible, y más precisamente, por fuera del ritmo de la conexión a todo un montaje operativo de tiempos muertos, (en el que lo perentorio no es más que un elemento de distracción para dar coartada a la estructura enquistada, en la que no hay presente, pasado o futuro, distinto al predestinado, preestablecido, etc.) sobreviene la angustia.

Hace tiempo que el sujeto (que ha encarnado el ideal de sujeto que promueve Internet) ha abandonado el campo de la experiencia como fuente de saber, y mucho más aún *el campo de la fantasía como fuente de inspiración para forjar un deseo y una manera de acceder a ese deseo*; por lo que, si no puede estar conectado al montaje pertinente no sabe qué "impostura" hacer, para relacionarse.

Esto puede parecer una exageración o algo muy difícil de entender. Pero no lo es tanto, si consideramos que una gran parte del mundo adolescente y del conjunto de las personas de mediana edad, no sabrían como relacionarse hoy por hoy, sin los celulares, los mensajes de textos, Internet y las redes sociales.

Un adolescente que no posea conexión a Internet difícilmente podrá acceder a una vida social completa.

Una persona de mediana edad difícilmente podrá desarrollar una amistad o una relación sensual, sino es a través de alguna red social.

V. La sensualidad en tiempos de Internet

Aún fuera de Internet, las personas que han encarnado el "sujeto del mercado" como ideal, intentan vivir tal y como se "vive" en la red, es decir, *en plena correspondencia entre la impostura que realizan respecto del montaje en el que supuestamente se inscribe tal o cual relación.*

El montaje llamado Internet y el sujeto

En este contexto, sería fácil echar mano a una hipótesis conspirativa y decir que la influencia de Internet (en tanto que es uno de los más grandes medios de comunicación y representante de los intereses de los grandes manipuladores de la construcción imaginaria "el mercado") es decisiva e inapelable.

Es fácil y no sería complicado ganar adeptos formulando tal hipótesis. Incluso, para hacerla más despampanante podríamos sugerir que Internet produce grandes afluentes de alienación estableciendo una temporalidad rectora para todas las manifestaciones humanas.

Sin embargo, es tan fácil como errado.

Internet, siguiendo la consigna del mercado, no produce nada de nada. Simplemente como montaje se limita a *re-ordenar* lo ya producido.

Es innegable que hay tendencias rectoras que intentan imponer un modo, o dicho de otra manera, una manera de experimentar la vida cotidiana; es innegable que hay un intento de generar conductas condicionadas de manera tal de que sean perfectamente calculables, medibles, pronosticables, y también es indudable que la manera en que se implementa este intento de condicionar las conductas tiene algo que ver con la experiencia del tiempo.

De hecho, Internet, es un montaje que se hace efectivo *al cristalizar una percepción distorsionada de las dimensiones tiempo y espacio*, por lo que si tenemos en cuenta lo que ya hemos expuesto, que no hay montaje sin imposturas, es entendible también que lo que hemos llamado "el sujeto del mercado", (es decir, este conjunto variopinto de imposturas funcionales al montaje llamado Internet), comparta el rasgo de hacerse efectivo al consolidar una determinada distorsión de tiempo y espacio capaz de condicionar activa y duraderamente los modos de relación, de hacer y de pensar de un sujeto.

Pero, aunque estemos dispuestos a aceptar esta incidencia sobre la subjetividad a través de Internet, no estamos de acuerdo con pensar que es Internet lo que lo produce, ni siquiera, lo que lo promueve.

De hecho, no se puede afirmar que el sujeto se halle en estado de sujeción a la influencia de Internet puesto que en cualquier sujeto hay diversas alienaciones anteriores a toda institución social exterior, al núcleo mínimo de sociedad (familia y entorno directo) que actúan como alienaciones rectoras y directrices de su vida, condicionando sus modos de relación, de hacer y de pensar.

La neurosis, por ejemplo, *es un montaje similar a Internet punto por punto*. También promueve imposturas en base a una distorsión de tiempo y espacio y se sustenta en un registro alterado de la vida cotidiana. Si queremos contextualizar la incidencia sobre la subjetividad que se promueve a través de Internet deberíamos plantearnos, entonces, lo siguiente: ¿qué de la neurosis se aprovecha a través de Internet de manera tal de influir duraderamente sobre los

V. La sensualidad en tiempos de Internet

sujetos al punto de establecer nuevos patrones de conducta, o bien, qué de la neurosis se aprovecha a través de Internet de manera tal de influir duraderamente sobre los sujetos reforzando ciertas conductas y elevándolas a la categoría de ideal?

La precariedad subjetiva y la falta de deseo

Cualquiera podría decir, en este punto de nuestro desarrollo, que hemos caído en una trampa intelectual al emparentar tan estrechamente la influencia "de Internet" a la influencia de la neurosis. De hecho, este maridaje trae como consecuencia un insoslayable estrechamiento del campo de influencia, dado que solo afectaría a aquellos pasibles de ser denominados "neuróticos", excluyendo por tanto a todos los demás sujetos y, por tanto, caería nuestra hipótesis no formulada pero inferible de que algo de Internet o algo a través de Internet es capaz de afectar duraderamente al conjunto heterogéneo de la humanidad.

Sin embargo, no estamos de acuerdo con esta objeción dado que cuando hablamos de neurosis no estamos hablando particularmente de las personas afectadas por esta patología sino más ampliamente de lo que podríamos llamar "tendencias neuróticas de la sociedad" o de las sociedades.

De hecho, *mucho antes de que exista la formación de una neurosis en un sujeto existen condiciones (materiales) específicas para que se geste una neurosis*.

Estas condiciones específicas no solo atañen a la historia personal-familiar sino al contexto social en el que se inscribe esa historia personal-familiar de un sujeto.

¿A qué nos referimos con condiciones específicas?

Una sociedad cuyas instituciones tiendan a fomentar (intencionalmente, por negligencia o como efecto secundario de sus acciones) el desánimo y la frustración, puede contar con que se gestarán en su seno las condiciones específicas para la producción de neurosis.[75]

Una comunidad a la que se le priva, por ejemplo, de la posibilidad de recrearse en sus tradiciones y costumbres, una comunidad en la que la supervivencia diaria está anudada a todo un conjunto de consignas y fórmulas preestablecidas más o menos arbitrariamente (es decir, preestablecidas no en función del desarrollo personal, sino en relación a cualquier otro objetivo, por ejemplo, económico), seguramente que habrá producido condiciones específicas para la gestación de neurosis; o dicho de otra manera, condiciones neuróticas.

Condiciones neuróticas que podemos resumir en dos ejes básicos: *sostener al sujeto en relaciones que promuevan precariedad respecto de su desarrollo como persona, e imponiendo fuertes condicionamientos a toda manifestación subjetiva que apunte a sostener un deseo propio fuera del estrecho margen permitido o esperado.*

---

[75] Es más, no es malo dejarlo en claro, la neurosis siempre se gesta a partir de determinadas condiciones materiales de existencia.

V. La sensualidad en tiempos de Internet

La «inmediatez» como registro

Una forma sencilla de alterar la percepción de la vida cotidiana, distorsionando la relación espacio-tiempo, es imponiendo la «inmediatez» como registro privilegiado; lo que se logra reduciendo, progresiva y sistemáticamente los tiempos que se poseen para desarrollar una determinada actividad hasta generar un condicionamiento capaz de inscribirse como modo de relación y patrón de conducta, para todo tipo de manifestación subjetiva con solo sostener la imposición de forma constante en cuanto a intensidad y tiempo.

No es preciso, sin embargo, llevar a cabo una ardua labor para lograr este objetivo, dado que, la neurosis se cimienta sobre el registro de lo inmediato gracias a que una de las certezas neuróticas por excelencia explica que *no hay frustración mayor* (y por tanto, mayor fuente de angustia) *que la dilación del tiempo que media entre necesidad y satisfacción.*

El sujeto que intenta desarrollarse como persona debe centrar todos sus esfuerzos en *desaprender este modo de relación* que tiende a que todo se resuelva de forma inmediata, para conquistar nuevos modos de relación basados en tolerar el displacer que provoca la dilación entre necesidad y satisfacción en aras de conseguir un objetivo deseado.

Es decir, en el interior del sujeto se libra una batalla constante entre dos tendencias bien definidas: la tendencia inercial que aspira a que no medie distancia alguna entre el deseo y la procuración del objeto de deseo y aquella otra tendencia, más débil, que se esfuerza por mostrarle al sujeto que las cosas procuradas de esa forma inmediata lejos están de provocar satisfacción real, aunque provoquen un placer momentáneo al imaginar como real una conquista que jamás existió o existirá.

Así, frente a la presión de la tendencia que aspira a que el sujeto adopte el registro de la inmediatez como cláusula para la conquista placentera de los objetos de deseo, el sujeto tiene dos opciones básicas: desafiar tal tendencia y desarticularla en cada ocasión que reconoce el rastro de su alienación en este modo de relacionarse para consigo mismo, o bien, entregarse a ella, procurándose satisfacciones instantáneas aunque extraviadas respecto de su verdadero deseo.

En este último caso, el sujeto se comporta como aquel que sufre una adicción (no hay peor adicción que la adicción a la inmediatez), *precisa repetir en ciclos más cortos, satisfacciones más intensas para soslayar la frustración de haberse resignado a no alcanzar jamás una satisfacción genuina*[76].

---

[76] Aclaremos este punto: dicho así pareciera ser que se trata de un capricho puramente consciente el hecho de resignarse a no alcanzar el desarrollo del deseo en la realidad con el solo fin de evitar la angustia provocada por el displacer, pero, en realidad, aún en los casos en los que tal capricho es reconocible y vigente como "causa" a simple vista, un examen más penetrante nos muestra que ese capricho enmascara una imposibilidad o un obstáculo que es la verdadera raíz de tal resignación.

V. La sensualidad en tiempos de Internet

En resumen, el "registro de inmediatez" se impone, por decirlo de algún modo, desde dentro y desde fuera del sujeto y se expresa en una demanda compulsiva de simultaneidad en toda acción en la que se ve directa o indirectamente involucrado[77].

En este sentido decíamos que las instituciones sociales podían laborar a favor del desarrollo del sujeto o en contra del mismo según si disponen de sus recursos e influjo para establecer las condiciones materiales para su desarrollo o si por el contrario, se conforman con imponerle un ideal a encarnar.

Ahora podemos entenderlo mejor: cuando la institución social en vez de interesarse por el sujeto y su capacidad de desarrollarse conforme a su subjetividad para transformar la realidad, se interesa por *moldear al sujeto* de manera tal de que se ajuste a un determinado ideal de sujeto (que sería el sujeto ideal instituido por esa institución), provoca que la tendencia inercial a la inmediatez cobre un reforzamiento externo y gane la batalla más o menos duraderamente (a esto le llamábamos recién, condiciones neuróticas), puesto que la persona así frustrada en su capacidad de desarrollarse como tal, ve coartada sus posibilidades de vencer, desarrollando un intenso sentimiento de angustia en cada batalla contra la tendencia inercial a moverse en función del placer inmediato, hasta acabar por entregarse a la tendencia así reforzada desde el contexto social.

---

[77] Recordemos por ejemplo que una página de Internet que tarda en cargar más de 3 segundos es considerada inoperante.

Daniel Adrián Leone

La angustia frente a lo perentorio

En virtud de lo que acabamos de argumentar, cualquier persona podría extrañarse de este subtítulo. ¿Acaso la angustia no estaba ligada a la dilación entre deseo y satisfacción? ¿Por qué situarla, ahora, frente a lo perentorio? Sin embargo no hay contradicción alguna. Basta con que entendamos que es la angustia frente a lo perentorio lo que provoca la tendencia inercial a la inmediatez.

El miedo a perder el objeto de deseo nos lleva a consolarnos con algún objeto sustituto, y el miedo a perder la intensidad del deseo nos lleva a satisfacerlo a prisas aunque más no sea con objetos que pobre servicio pueden prestarnos para tal fin. Incluso podríamos decir más: *el miedo a "pedernos" en las oscuras voluntades que rigen a nuestros deseos* nos lleva a controlarlos, restringirlos, imponerles rigurosas condiciones, etc.

Es decir, la angustia frente a lo perentorio, a lo que tiene un plazo y una vigencia y, por tanto, a lo que tiene una existencia limitada, es condición de un comportamiento compulsivo: la compulsión a vivir "eternamente" en lo efímero a través de procurarnos cada vez más satisfacciones sustitutivas de escaso valor afectivo que sean intensas pero fugaces, es decir, se produce en este punto una sustitución regresiva en cuanto a lo funcional, el medio se transforma en un fin en sí mismo, independientemente de su objetivo, por lo tanto, el objeto de deseo o la meta a realizar, deja de tener un valor afectivo privilegiado pasando a ser un objeto más en un conjunto de objetos de idéntico valor afectivo. Y el procedimiento por

V. La sensualidad en tiempos de Internet

el cual se procure cualquier objeto, se eleva a la condición de fuente de placer inmediata.

Esto tiene varias consecuencias claras y evidentes.

La primera es que se inscriben en el sujeto las siguientes certezas[78] que obran de condiciones pro-neuróticas:

1. Todo objeto posee un idéntico valor por lo que el objeto de deseo deja de ser un objeto privilegiado o una meta a alcanzar específica, dado que *cualquier objeto o meta puede obrar de sustituto*. Por lo que, todo objeto es eventualmente susceptible de ser objeto de deseo, dado que es igualmente equiparable al objeto de deseo previo (por llamarlo de algún modo).

2. Toda acción específica en la procuración de ese objeto específico de deseo que sea displacentera puede ser restringida, incluso suprimida. Con solo elegir otro objeto sustituto que no requiera tal acción.

3. El deseo es perfectamente controlable y predecible. Puesto que, con variar el objeto de deseo, varía la naturaleza del deseo.

4. Desarrollarse como persona, en este contexto, no implica involucrarse en la propia historia, sino en entregarse a cualquier historia que le permita desarrollarse en función de un deseo impropio pero fácil y placenteramente accesible.

---

[78] Certezas que no tienen sustento distinto al pensamiento mágico propio de la infancia.

Ahora bien, estas certezas que se inscriben como ideologías en el sujeto en un plano, enmascaran en otro plano, todo un conjunto de realidades que subyacen y condicionan al sujeto dado que:

1. Por más que el sujeto pueda tener la ilusión de "controlar su deseo", el deseo es anterior a la voluntad y a la consciencia (dado que surge como construcción a partir de diversas combinaciones entre la historia del sujeto y la forma de experimentar la propia existencia en función de los lazos afectivos en los que está involucrado como sujeto), por lo que de ninguna manera podrá hacerlo, más que negándolo de alguna manera.

2. Todo deseo pulsa por manifestarse y hallar una satisfacción, por lo tanto, *la negación no solo debe ser radical sino constante*, conllevando a un empobrecimiento libidinal-afectivo, puesto que toda esa energía afectiva o gran parte, al menos, será destinada al infructuoso e infame labor de mantener a raya "el deseo original".

3. Por lo que, el sujeto, al desposeerse de su referencia por antonomasia, desvinculándose del deseo y por tanto de su propia historia, debe *compulsivamente adquirir nuevas imposturas y montajes para sostener y argumentar esas nuevas imposturas que le permitan hacer como si desea algo realmente* y hacer como si está implicado en aquello que dice desear.

V. La sensualidad en tiempos de Internet

Las dos cláusulas de toda neurosis

En este punto llegamos a las dos cláusulas que podemos encontrar en toda neurosis o tendencia neurótica: la compulsión como modus operandi y la fijación como estado u organización[79].

Arriesguemos una definición que nos permitirá avanzar en nuestra reflexión y digamos que:

toda neurosis se forja a partir de la repetición de un modo de actuar que cobra una especial significación al desligarse del contexto histórico y de su fin particular[80].

Esta repetición de un modo de actuar (más que de un acto en sí) forja por sí misma lo que podríamos llamar un primer montaje virtual, ya que parecería no corresponder a un contexto histórico y no poseer otro fin que el de procurarse sustento.

Montaje virtual al que el sujeto se encarga no menos compulsivamente *de argumentar sea a través de la confección de*

---

[79] Dicho de otra manera: el acto por el acto mismo por un lado y, por el otro, el establecimiento de una determinada modalidad unívoca para todo acto.

[80] Si reflexionamos sobre esta definición podemos entender más claramente a qué nos referimos con *condiciones neuróticas o tendencias neuróticas de una sociedad*. Todo acto que sea así desprovisto de su contexto y de su fin particular, se vuelve un mecanismo compulsivo de origen confuso o incomprensible y por tanto, caprichoso y arbitrario.

relatos más o menos convincentes que expliquen su accionar y lo muestren como si fuera consciente del motivo y el sentido de su accionar, sea *a través de procurarse contextos históricos sustitutos* que den consistencia a su argumento, o bien, sea a partir de incorporarse otros montajes y/o discursos que le permitan apuntalar su argumento, legitimándolo desde su impostura de supermercado, haciendo como si desea lo que dice desear y haciendo como si actúa en consecuencia de su deseo.

La alienación a un "modo de sujeto ideal"

Si el sujeto se aliena a un "modo de sujeto" propuesto como ideal (reforzando sus modos de actuar repetitivos y moldeando sobre esta base, sus modos de relación) lo hace en tanto que pertenece a alguna institución que, valga la redundancia, instituye para éste un modelo ideal de sujeto.

Encarnar ese modo de sujeto ideal implica por tanto pertenecer a esa institución capaz de proveer "identidad", es decir, implica que hay una institución que se presenta frente a los sujetos como "identidad de pertenencia".

Para ello, tiene que haberse sembrado la certeza de que *solo hay identidad de aquel que pertenece a una identidad mayor capaz de legislar sobre la condición de existencia* y no hay mejor manera de instalar una certeza de tal índole que procurar que *el sujeto viva en condición de neurosis*, esto es, actuando de manera compulsiva, so pena de angustia y, por lo mismo, impedido en su capacidad de reflexión en todo lo pertinente a los condicionamientos que padece.

V. La sensualidad en tiempos de Internet

En realidad, la capacidad intelectiva en este punto queda restringida a hacer consistir el montaje encubridor de su precariedad subjetiva y en tanto ese montaje precisa de algún otro montaje o discurso que se presenta como siendo capaz de apuntalarlo, haciendo consistir también ese montaje apuntalador que no es otro que el correspondiente a la institución que lo absorbe de tal manera.

Se dice desde hace medio siglo (y en especial en estos últimos tiempos) que asistimos a la caída de todas las instituciones, y que estas soportan de mala manera una crisis que las deja inoperantes e incapacitadas para proveer al sujeto de un contexto favorable para su desarrollo como persona.

Si suscribimos a esta deducción, no podemos dejar de extrañarnos con las afirmaciones que venimos haciendo, dado que en estas aparecen las instituciones con un vigor y una eficacia tal que de ninguna manera se puede pensar en una caída o en una crisis de tal índole.

Sin embargo, ambas afirmaciones no son contradictorias, solo hay que situar estas dos "afirmaciones" en sus respectivos planos: las instituciones están en crisis solo *en el plano de los enmascaramientos que han realizado para hacer como si su objetivo central fuese el desarrollo del sujeto* en vez de ser, como en general es, un mero condicionamiento mediante la instauración de un modo de sujeto ideal.

En otro plano, las instituciones han cobrado una inusitada vigencia y eficacia, pero, no todas ellas, sino algunas, aquellas que no tienen miramientos al exponer su intención de *instalar un modo de sujeto ideal* y de exigir que el sujeto lo encarne como precio por acceder a la poca de identidad que le pueden proveer.

V. La sensualidad en tiempos de Internet

La fantasía del retorno al claustro materno

El psicoanálisis ha descubierto una singular manifestación de la vida psíquica que ha llamado "fantasía del retorno al claustro materno", y que literalmente tiene el significado de volver a experimentar la vida fetal, tal como se supone debió ser.

El contenido de tal fantasía no se restringe a la idea-representativa de volver al útero materno sino que además, implica un retorno a un lugar de protección absoluta, en el que imperaba la inmediatez entre necesidad y extinción de la necesidad (o al menos no había posibilidad de registro de la distancia temporal).

La clave de esta fantasía muy poco explorada[81] reside en el hecho de que se trata de una fantasía restitutiva; pues básicamente restituye al sujeto a un estado de conexión total con aquello que es capaz de procurarle de forma inmediata si no placer y satisfacción mediante un objeto o meta determinado, sí, una disminución del displacer gracias a extinguir el estímulo acuciante de la necesidad fisiológica en el preciso momento en el que es percibido como tal. (No su madre sino el cuerpo de su madre)[82].

---

[81] (más allá de la retahíla de la representación de la escena sexual incestuosa en la que el sujeto se sustituye a la madre o a su propio pene para ubicarse en relación al padre o a la madre)

[82] En este punto podemos entender la manifestación de algunos sujetos que desean poseer, literalmente, el cuerpo de la madre; no se trata, simplemente, de admiración o de un esfuerzo de imitación sino del intento de restituir un estado de conexión total (simbiosis).

Habrá adivinado ya el lector lo que me motiva a traer a colación esta fantasía en medio de este ensayo. Seguramente podrá ver mil articulaciones posibles más allá de la que trabajaremos aquí, pero aun así no dejará de estar asombrado.

¿Acaso derivaremos de esta fantasía, llamémosle "de restitución", de conexión total hacia el montaje llamado Internet?

Puede sonar algo forzado, pero de hecho no deja de ser sorprendente que el esfuerzo de Internet como montaje de promover imposturas basadas únicamente en la conexión total y esta fantasía primitiva que aparece en el sustento de diversas tendencias neuróticas incluso en personas que no padecen de neurosis.

La idea de una conexión total, literalmente, de una suerte de fusión con un todo al que pertenecemos tan solo como parte y jamás como sujetos (ya que hablar de sujeto es hablar de discontinuidades y anacronismos y utopías, imposibles de reunir en un todo absoluto) no es, sin embargo, privativa de Internet o de la fantasía del retorno al claustro materno.

De hecho, las religiones en general, laboran en base a esta idea de restituirse a un todo absorbente mediante una conexión total. El enamoramiento también sustenta la misma idea, basta con escuchar las palabras amorosas de una pareja en este estado o bien, los reproches amorosos de una pareja ya consolidada que tras algún tiempo reclaman al otro no estar en conexión total o no formar un todo orgánico en el cual el deseo del uno sea inmediatamente resuelto por el otro.

V. La sensualidad en tiempos de Internet

Incluso en los avatares de la sexualidad alcanza el orgasmo un punto máximo cuando ambos partenaires logran una suerte de conexión total que les permite alcanzar el clímax al mismo tiempo tal y como si fueran uno solo.

Horror al contacto, miedo al contagio

Ahora bien, si tal aspiración gregaria de fundirse en conexión total en un todo orgánico (en el que cada uno sea una parte perfectamente equivalente a otra) fuera realmente parte del deseo humano, sería verdaderamente incomprensible, no solo por qué no se logra sino manifestaciones tales como las enunciadas por el psicoanálisis como "horror al contacto" y "miedo al contagio" y que, en general, es perfectamente visible con la sola observación de la vida cotidiana[83].

---

[83] El horror al contacto con los semejantes que por algún motivo son considerados como vedados de la posibilidad de ser semejantes, esto es, el horror a aquellos reconocibles como distintos en un plano aunque sean semejantes en otro, por ejemplo, el extrañamiento (muchas veces irracional) que se experimenta con respecto a una persona muy querida luego de descubrirle en un mentís más o menos grave, o el extrañamiento de una persona respecto de su pareja como objeto sexual tras varios años de frustraciones varias, son ejemplos atenuados de este "horror al contacto"; pero podemos hallar muchísimos más, sin caer en la referencia a lo patológico.

El miedo al contagio también se ve reflejado en el aquí y ahora de la cotidianeidad. Basta por ejemplo considerar esa mezcla de miedo y fascinación temerosa que nos provoca estar en la proximidad de una persona distinta o señalada como peligrosa.

No solo estas manifestaciones psíquicas-afectivas emergen en la vida cotidiana sino que además lo hacen a menudo, si bien bajo formas encubiertas o atenuadas o más o menos justificadas desde el consenso social.

El sueño dorado de una conexión total con un todo que nos absorba despojándonos de nuestras diferencias hasta volvernos parte de su interior no solo no es factible, sino que además es perfectamente incompatible con muchas de las manifestaciones de la vida cotidiana. De hecho, los amantes, por ejemplo, aspiran a una conexión total pero dentro de la unidad que los nuclea con exclusividad de cualquier otro.

La madre simbiótica, por ejemplo, no soporta la sola idea de que en medio de su relación para con su hijo o hija, aparezca algún otro, padre, tío o hermano, capaz de dar por tierra con la ilusión de un todo-conexión. Incluso, gran parte de las religiones cuando hablan de un todo totalizante de lo humano, están hablando de un todo totalizante de lo humano que pertenecen a esa religión, excluyendo deliberadamente todo lo clasificable como otro.

Es decir, este supuesto impulso gregario que tiende a reunir comunidades cada vez más grandes en virtud de la progresiva resignación de las diferencias que lo definen, con la aspiración de constituir un todo-total absoluto e integrador, comporta un rasgo tan evidente como soslayado: *se trata de conectarnos todos en un conjunto extensísimo siempre y cuando cada uno resigne su derecho a la existencia a favor no de los otros, sino del otro con mayúsculas, de la entidad suprema capaz de igualarnos a todos.*

V. La sensualidad en tiempos de Internet

Dicho de otra manera, el supuesto impulso gregario que conformaría parte de nuestra psique y, por tanto, parte de nuestras aspiraciones, no es precisamente, crear una comunidad global sino *a través de darle consistencia a un ente global capaz de incluirlo todo, suprimir al otro como existente.*

La cosmovisión criminalizante de la vida de relación en lo cotidiano.

Si definimos «cosmovisión» como concepción de mundo y de sujeto, no ha de extrañarnos este subtítulo. De hecho, existe hoy por hoy, en las diversas culturas y comunidades, una suerte de "criminalización" de la vida de relación perfectamente observable en lo cotidiano.

En general, se tiende a prejuzgar las relaciones humanas desde la especulación y la manipulación.

Tal como si fuera impensable que una persona sostenga una relación con otra sin buscar un rédito o sin manipular de alguna manera al partenaire para procurarse algún efímero placer.

De hecho, se tiende a considerar las relaciones humanas como situaciones de poder y más precisamente como situaciones de contiendas por el poder o bien como arteras escaramuzas para procurarse algún rédito económico, social, etc.

Es fácil comprobarlo día tras día.

Lamentablemente, basta con escuchar a una madre diciéndole a su hija "que se procure a un hombre con dinero" o al padre diciéndole a su hijo "que no se deje dominar por ella", etc., etc. Pero también es fácil de comprobarlo viendo la provisión de estrategias para montar una relación "saludable" o "exitosa" que promueven diversos discursos, desde los libros de autoayuda hasta las pautas comerciales, pasando por los consejos de pretendidos psicólogos y los cursos de desarrollo personal y liderazgos.

Ponte una mano en el corazón, querido lector, y dime si acaso no te ha sucedido alguna vez que al ver a una persona silbando por la calle, o una pareja de edades muy dispar caminando de la mano, y te aparezca de inmediato un juicio peyorativo aunque sea enmascarado bajo la forma de chiste o de burla sin malicia.

¿Verdad que te has preguntado alguna vez qué nos impide ver con dulzura las torpezas de una pareja iniciándose en el amor? O ¿qué nos impide contemplar con ternura el arrebato sentimental que le inspira a una niña pequeña saber que papá tiene a Mamá?

¿Acaso no te ha sucedido alguna vez sentir una profunda vergüenza por sentir una irrisoria e imperante necesidad de largarte una carcajada en el momento menos propicio?

La pregunta entonces no es si hay o no una criminalización de la vida de relación, sino por qué se produce este fenómeno, y sobre todo ¿qué hay de peligroso y/o de censurable en la vida de relación?

¿Para quién?

V. La sensualidad en tiempos de Internet

¿Qué instituye Internet como montaje del mercado?

Internet, podríamos decir, siguiendo la tónica de nuestro ensayo, no instituye nada. No produce ni instituye, tan solo es *un reordenamiento* que busca alcanzar un funcionamiento homeostático, constante.

Si hay algo que pareciera ser promovido o instituido por "Internet" es porque se promueve e instituye a través de Internet en tanto que Internet es un montaje para la construcción imaginaria que llamamos "el mercado", que algunos poderes socio-políticos y económicos utilizan como máscara para encubrir y justificar sus ansias de dominio.

Podríamos decir, entonces, que a través de Internet se busca instituir ciertos "ideales de sujeto" no por interés en la subjetividad sino para *reforzar ciertas conductas neuróticas favorables al consumismo, que al mismo tiempo gestan el caldo de cultivo del impulso al sometimiento, estimulando el desarraigo cultural-comunitario, el diálogo entre seres anónimos (y solo desde el anonimato), la sistemática y progresiva desnaturalización del uso de la capacidad intelectiva fuera de parámetros predeterminados, etc.*

Pero con todo, aunque Internet en sí, como montaje nada tenga para instituir (no es un sujeto ni una comunidad sino un montaje ficcional de relaciones que simulan ser un todo) se instituye como montaje ideal capaz de sustituir el montaje imaginario a la que un sujeto le llama "mi realidad".

Seguramente no se instituye como montaje privilegiado porque es "su voluntad" o porque hay alguien detrás "laborando para que esto suceda".

No es su voluntad, porque no es un sujeto y no hay nadie detrás por la simple razón de que a nadie puede interesarle. Hablando seriamente, si las personas aprendieran a hacer un montaje a la manera de Internet, pero siguiendo los lineamientos de su propia subjetividad (sea en Internet o en la vida cotidiana) bastaría con que un grupo más o menos consistente de personas lo logren con cierta eficacia *para que Internet, como montaje del mercado, caiga sin remedio.*

Lo que los intereses al servicio del dominio buscan haciendo de Internet el montaje del montaje llamado mercado, es darle *al mercado una dimensión extra, capaz de captar al sujeto desde otro lugar, para condicionar más temprana y radicalmente la producción de conductas que les son favorables en exclusión de cualquier otra.*

Si las personas aprendieran a integrar al montaje llamado Internet en su propia subjetividad, como si se tratase de un elemento más de su fantasía, como está sucediendo en focos aislados que tienden a organizarse, (fielmente representados por los Bloggers y por usuarios de redes como Twitter), *no tardaría en declararse a Internet como montaje si no obsoleto sí peligroso o perjudicial* (tendencia que se comienza a ver en la actualidad).

Porque Internet, en este caso, pasaría a ser para cada persona tan solo un fragmento del montaje superior que es su propio mundo imaginario, por lo que de ninguna manera se podría usar para

V. La sensualidad en tiempos de Internet

condicionar y reforzar conductas preestablecidas conforme a un modelo ideal de sujeto (del mercado).

Nos preguntábamos tan solo unos párrafos atrás ¿qué hay de peligroso y/o de censurable en la vida de relación? ¿Para quién? Ahora es sencillo de entenderlo.

La vida de relación (y la sensualidad como sustrato básico de toda vida de relación) –cuando uno está realmente involucrado en ésta como sujeto, desarrollando lazos de empatía y pronto a recrearse como persona en el seno de esos lazos– *constituye una suerte de estructura refractaria a todo condicionamiento externo.*

Todo montaje exterior que puede afectar a una persona dispuesta a desarrollarse implicándose en su vida de relación, pasa a integrarse a un montaje interno superior, y por tanto, *pierde eficacia condicionante*. Pues al ser sometido e integrado a un nuevo montaje pasa a regirse por las leyes del montaje interno, tal como si fuese desde siempre uno de sus elementos.

Distinto es el caso de la persona que elige desarrollarse por fuera de la vida de relación, sustituyendo los lazos afectivos por montajes que se promueven "identidades de pertenencia", adquiriendo imposturas preestablecidas en vez de inventarlas.

Estas personas que optan por el "modo de relación" que hemos descripto como "de pertenencia" son fácilmente influenciables por cualquier montaje exterior, dado que en su precariedad pasan a ser parte del montaje exterior, sometiéndose a sus leyes y adquiriendo sus imposturas encarnando el modo de sujeto ideal que se le ofrece como carnet de acceso a ese montaje prefabricado (familia, linaje, tradición, religión, ejercito, clase social, etc.).

Internet como mercado de subjetividades

Internet puede ser considerado como una pantalla frente a la criminalización de lo cotidiano (capaz de habilitar a que se expresen muchos de los sentimientos, deseos y conductas que en lo cotidiano se verían afectadas por una suerte de autocensura o bien que pasarían simplemente desapercibidas, por abulia, frustración, precariedad libidinal o automatismo).

En efecto, para muchas personas, Internet es una suerte de "muleta psico-social" que le permite suturar los baches subjetivos y la carencia institucional y avanzar en sus vidas conquistando para sí la posibilidad del desarrollo personal transformando la realidad.

Estas personas no se incorporan a Internet como engranaje de su sistema sino que *incorporan ciertos recursos de Internet para desarrollar recursos propios* como harían con cualquier otro montaje que les permitiera lograr este efecto de prótesis (una determinada moda, por ejemplo).

De hecho, el combate contra Internet, desde los mismos poderes que la sustentan como montaje privilegiado para enmascarar la inoperancia actual del montaje llamado mercado (que amenaza con caerse a pedazos junto al reordenamiento capitalista-imperialista), no es por casualidad.

Misteriosamente, por decirlo ingenuamente, pareciera ser que asistimos a una era en la que a los mentores del capitalismo le molesta

V. La sensualidad en tiempos de Internet

que haya usuarios *que hagan uso de las cosas que se les da para usar.* Parece chiste y lo es.

El tema es que lo que se brindaba para-usar anteriormente a Internet eran montajes verdaderamente inutilizables, demasiado complejos, demasiado costosos, o bien, excesivamente elitistas.

La moral, la ciencia, incluso los grandes medios de comunicación, se consumen pero no se pueden usar. O mejor dicho, el consumo es todo uso posible.

¿Qué uso se le puede dar a un diario, por ejemplo, que nos habla desde afuera de nuestra propia comunidad demostrando a un mismo tiempo un profundo desprecio y una profunda ignorancia respecto de nuestra propia comunidad?

¿Qué uso se le puede dar a Hollywood si ni siquiera los propios hollywoodenses son capaces de producir dos guiones originales por año (o por décadas)?

¿Qué uso se le puede dar a una moral anacrónica, ajena a todo lazo social y a toda idea de comunidad cuya vigencia se debe a una pura imposición por el solo hecho de pertenecer?

Ni que hablar de la ciencia que en su maridaje de apuro con la tecnología, se ha dedicado a saturar mercados con artefactos, y oídos con discursos, pero con cada artefacto producido y con cada discurso, se vuelve más críptica (cuando no decididamente oscurantista) con tal de no abandonar *el paradigma que le asegura ser un instrumento de privilegio para los poderes dominantes.*

Daniel Adrián Leone

Internet es un montaje-al-uso

En Internet cualquiera puede hacer o decir lo que se le ocurra, incluso lo que no es lícito decir, o lo que todavía no imaginó Hollywood (cosa sencilla, por cierto), o meterle el dedo en la llaga a la ciencia, recordándole –aunque más no sea de forma paranoica o en chiste–, que no lo sabe todo y no solo eso, que ni siquiera puede explicarlo todo correctamente.

Internet es un montaje que da muestra de ser un arma de doble filo.

El montaje llamado mercado se caía a pedazos y urgía renovarlo o al menos proveerle de un nuevo barniz de enmascaramiento que simule ser una dimensión extra.

Los sujetos se hallaban demasiado alienados a todo un conjunto de montajes, discursos y lazos sociales por lo que con el tiempo *se habían vuelto refractarios* a nuevos condicionamientos, no por desinterés o por reflexión, no por haber gestado lazos sociales de comunidad, ni por nada de eso tan temido por los intereses dominantes, sino simplemente por haber traspasado el umbral de tolerancia[84].

---

[84] "Umbral de tolerancia" implica un límite frente a la capacidad de soportar algo que posee cualquier persona. Traspasado ese umbral la persona se vuelve refractaria a un determinado estímulo, acción, condicionamiento. Pongamos un ejemplo muy simple de experimentar en la vida cotidiana: acariciamos a un gato durante cierto tiempo y en algún momento y nos muerde o amenaza con hacerlo a pesar de verse

V. La sensualidad en tiempos de Internet

Urgía pues que el nuevo montaje cumpliera con la condición de aliviar la carga, desaflojar los nudos restrictivos, distender la carne comprimida entre tantos y tantos modos de sujeto impuesto como ideales a encarnar.

Ahora bien, el nuevo montaje, precisaba cumplir con la condición de *desalienar un poco* para que el sujeto respire y recobre fuerzas para adquirir y soportar nuevos condicionamientos acorde a los intereses dominantes. Debería incluso tener como cebo la promoción de una liberación de las subjetividades pero no de cualquier manera, sino *asegurándose de quedar instalado como el medio privilegiado para liberar subjetividades.*

El nuevo montaje debería conquistar lo que ni periódicos, ni Radio, ni TV pudieron lograr, esto es, un medio en toda regla,

---

gozoso con tales mimos. Lo que ha pasado es que el estímulo de nuestras caricias han traspasado el umbral de tolerancia que dispone el animalito y necesita introducir un corte, una pausa, que le dé tiempo para elaborar el exceso de mimos. Por lo que no es raro que tiempo después vuelva a buscar caricias como si nada hubiera pasado. Ahora si tal pausa es imposible y si no se puede uno sustraer de ese exceso de estímulo para elaborarlo, es muy probable que la persona se vuelva refractaria o se anule temporalmente. Es fácil también observarlo en la vida cotidiana. Todos hemos visto en algún momento, con extrañeza cuando el bebé de pecho parece absorto y ajeno a todo en un estado intermedio entre estar despierto y dormido. Al no disponer de la capacidad de sustraerse de los estímulos de la vida cotidiana y al disponer de escasos recursos psíquicos para elaborar tales estímulos cae en ese estado de anulación temporal. Hay otro ejemplo bastante más drástico de cómo funciona el "umbral de tolerancia". En el "entrenamiento" al que someten a las mujeres obligadas a la prostitución, se las obliga a sostener relaciones sexuales de forma repetida y compulsiva, justamente sin pausa alguna, como forma de insensibilizarlas al punto de poder disponer de su cuerpo como de un instrumento.

(dominio, instrumento y moderador insoslayable para todo acto, comunicación, modos de relación, de pensar, etc.).

Internet cumplió con creces con todos estos objetivos.

Logró desalienar en parte a los sujetos y mucha gente se sintió aliviada casi al instante, aun los más incrédulos y reacios han comenzado ya a obtener réditos de estos aires renovados que les provee el montaje llamado Internet, desligándose así del pesado ropaje de las instituciones, del academicismo, de la moral, etc.

Y logró imponerse como medio indiscutido puesto que, esta liberación de las subjetividades por medio de Internet (al presentarse esta como pantalla y modo para superar las alienaciones) no se dio en cualquier lugar, sino en un lugar que virtualmente no existe; puesto que ni es virtual ni es real.

Las subjetividades se liberan a partir de Internet pero no hacia su propio dominio sino hacia *un dominio preestablecido*, literalmente, exterior a todo, incluso y sobre todo, exterior a sí mismo.

Las subjetividades siguen presas pero en un espacio en el que todo el mundo está preso, por lo tanto, no se nota.

Todo el mundo puede moverse libremente en Internet, pero a condición de soportar *el anonimato* o *la sospecha de anonimato* que recae sobre una identidad cualquiera al trazar como máxima que toda identidad es falseable.

Todo el mundo puede moverse libre en Internet pero a condición de que *no deje de moverse*, que no deje en ningún instante

V. La sensualidad en tiempos de Internet

de recorrer el laberinto de cobayos, entre paredes de contraseñas y sitios que se caen, haciendo del centro, la punta de un ovillo que cuando más se desenreda mayor longitud laberíntica cobra.

Hay personas que aun así han logrado o creen poder lograr lo imposible, y desarrollan tecnología distinta, métodos alternativos, cracks y salvoconductos, trucos y demás escaramuzas.

Y es por eso que son combatidos, no porque tengan razón o dejen de tenerla, sino porque en la duermevela virtual han decidido tener un ojo abierto.

Daniel Adrián Leone

Epílogo

La sensualidad a destajo.

La sensualidad en tiempos de Internet es una sensualidad a destajo, al por mayor y a contratiempo, anacrónica incluso de su propio anacronismo, enclavada en una escena –entre la utopía y lo obsceno– que deja al sujeto en un lugar de borde, desde el cual, relacionarse implica caer en la falta de todo lugar, o bien, caer en un lugar fuera de toda escena posible.

Es una realidad fácilmente reconocible.

Desde Internet se puede conquistar y seducir tal vez más fácilmente que en la realidad. La pantalla que provee Internet permite soslayar los pruritos y los condicionamientos que se erigen como principales obstáculos pero, si solo hay relación a través de Internet, aunque sea en una plaza, en un bar o en la calle, aun así, se debe sostener la impostura adoptada que nos hace reconocibles como semejantes, o bien, atreverse a quedarse fuera de escena, mostrando un desinterés, una vez fuera del montaje de Internet, por volver a incorporar los cables, las informaciones, las contraseñas y los guiños del Chat, la solicitudes de amistad, para luego exponerse en un muro que hace las veces de biografías.

Online # 2

Él es un fracasado solo de lunes a domingos de la vereda para afuera. Dentro de la red nadie lo sabe. No saben siquiera su primer nombre, ni su apariencia. Solo saben de él, lo que él dice. Ella lo busca desesperadamente tal y como si lo reconociera. Como si supiera que se trata del mismo vecino que cruza con indiferencia todos los días en el ascensor. El mismo vecino que la ha mirado mil veces buscando en sus ojos algún signo de complicidad. No importa qué tantas ganas tenga ella de encontrarlo por la red, están sentados casi en el mismo metro cuadrado a tan solo un piso de distancia. Le reprocha a ella en silencio mientras se muestra en la red conquistando a otras a modo de venganza.

No sabe que el espacio virtual hace que cuatro metros sean millones. Debería saberlo.

Offline # 2

Rubén_48, finge no verla pero ella sabe que la ve. Sabe que mira sus fotos, que espía en sus contactos. Intuición de mujer. Le deja mensajes cifrados combinando postales amorosas y videos que a él deben gustarles en medio de sus álbumes más recónditos, como si dejara la ventana abierta de su cuarto para algún cibernético Romeo.

***

"La Colo" se le acerca y le dice al oído: "sé que viste el video".

Respira de forma entrecortada y sigue caminando.

Él se queda tieso:

después de todo tal vez "La Colo" no sea "La Colo".

Anexo

Anexo

Glosario de términos y expresiones[85].

Alienación

Cuando hablo de alienación hablo de la intrusión (discursiva, simbólica e imaginaria de algún discurso, mecanismo o referencia de ideal) en una subjetividad al punto de provocar en esta un condicionamiento tal que la rarifica, enajenándola más o menos duraderamente de una parte de sí-misma.

Certeza (Delirante, Infantil, Neurótica)

Hablo de Certeza refiriéndome a una asociación intelectual-afectiva entre términos que conducen a una formulación determinada sobre algo.

Certeza delirante: Se trata de una certeza que conduce a un radical desvinculamiento con la realidad.

Certeza Infantil: Razonamiento elevado a la categoría de verdad por un fuerte reforzamiento afectivo-traumático.

Certeza Neurótica: Se trata de una certeza que se nutre de Certezas Infantiles y comporta un desvinculamiento parcial de la

---

[85] El presente glosario de términos y expresiones se refiere a la manera en la que han sido usado estos términos y expresiones en el presente ensayo, más allá de su definición o de las diversas concepciones posibles respecto de estos términos por parte de otros autores.

realidad o bien, un enmascaramiento de la misma y que conserva un fragmento de verdad histórica.

Concepción sádica del coito (de la vida de relación)

Expresión tomada del psicoanálisis freudiano que se refiere al descubrimiento de una certeza infantil instalada en ciertos sujetos que entiende la sexualidad y en particular el coito desde un matiz de hostilidad que le aporta nueva significación.

Concepción sádica de la vida de relación: por extensión de la certeza infantil que registra lo sexual desde un matiz de hostilidad-culpabilidad desde la escena propiamente del coito a la vida de relación en general.

Condicionamiento.

Acción y efecto de imponer arbitrariamente un mandato a una persona, o bien, de someterla a un determinado modo de relación, o bien, de fomentar las condiciones para que una persona actúe, piense o registre la realidad, de una determinada manera preestablecida por algún otro.

Contingente (Arbitrario)

Entiendo por Contingente todo aquello que es ajeno a la voluntad, a lo previsible y a lo que regularmente acontece.

Arbitrario: es cuando hay una voluntad que, en ejercicio de dominio sobre otro, le impone algún condicionamiento, mandato o castigo de manera tal de que el otro responda según su capricho.

Cosmovisión

Manera de concebir el mundo que entraña de forma explícita o implícita, una concepción de sujeto. La concepción sádica del coito es pasible de convertirse en una cosmovisión, al extenderse desde el coito como actividad sexual al coito como representante de la vida de relación confiriéndole a sí a todo el "universo" de la vida de relación los caracteres de la concepción sádica del coito.

Desarrollo personal (subjetivo).

Noción que parte de la hipótesis de que el sujeto debe desarrollarse, re-descubriendo nuevas maneras para hacer, pensar, relacionarse, etc., re-inventándose mediante la fantasía y la producción de montajes e imposturas, y re-creándose en sus productos.

Fantasía

La noción de fantasía se ha usado en dos sentidos, en el sentido de actividad, fantasear y en el sentido de estado de cosas o campo de acción para ese fantasear.

Imaginario: Cuando hablo de Imaginario me estoy refiriendo a la fantasía en el sentido de campo de acción del fantasear y más precisamente, de toda la acción de la facultad intelectiva (razonamiento, reflexión, etc.)

Identidad de pertenencia

La expresión "Identidad de pertenencia" tiene por fin dar cuenta de una hipótesis: hay instituciones que se presentan como pudiendo dar una identidad a todos aquellos que se ofrezcan en pertenencia (objeto) a la misma. En este caso se ve la articulación entre montaje, impostura e institución. Si una institución puede funcionar como "Identidad de pertenencia" es porque es capaz de proveer un montaje en el que el sujeto se "realice" incorporándose a este, a partir de adquirir algunas de las imposturas propuestas como "modelo de sujeto ideal".

Implicación (Modo de relación «implicancia»)

Acción y efecto de involucrarse afectivamente e intelectualmente en el lazo afectivo-social, en el propio deseo, en la propia historia, en el propio cuerpo.

Modo de relación «implicancia» (Ver Relación - Modo de relación «implicancia»)

Impostura (Como si)

La categoría impostura podemos disponerla en dos sentidos: las imposturas que realiza un sujeto habitualmente (por ejemplo, cuando se reinventa a través de un relato propio, exaltando sus cualidades o prodigándose con otras); y las imposturas de supermercado, es decir, aquellas imposturas que no son de producción subjetivas, acorde a una historia y un deseo, ni por medio de un relato en el que hay un sujeto implicado como tal. Es decir, la diferencia básica entre una y otra, es que la impostura subjetiva es representativa del sujeto y por tanto, habilitante para que el sujeto se re-invente a sí-mismo a partir de esta. En la impostura de supermercado, no hay representación del sujeto, sino, enmascaramiento de la dificultad del mismo para dar una versión de sí-mismo acorde a su deseo, historia, etc.

Como si: Simulación de estar implicado afectivamente en una impostura.

Toda impostura depende de un montaje en que encuentra contexto y razón de ser.

Institución (Instituir):

He utilizado el término "Institución" en un sentido amplio para representar un conjunto de relaciones preestablecidas en función de una determinada escala de valores que obran de reordenamiento de un conjunto más o menos heterogéneo de realidades con algún fin particular que implica necesariamente una cosmovisión, esto es, una determinada concepción de mundo y sujeto, concepción de sujeto que se impone como impostura a adquirir por todo aquel que "desee" incorporarse a tal institución; arrogándose, por tanto, la institución, el derecho a legislar sobre lo que en "su universo" es, y cómo debería ser el sujeto.

Instituir: acción de pre-establecer una relación de fuerzas, o de articular una lógica de relación como única, unívoca e inapelable.

Máscara (enmascaramiento)

Llamo "mascara" a un determinado mecanismo psíquico que se pone en funcionamiento con la intención inconsciente de negar y preservar, a un mismo tiempo, una determinada certeza o conjunto de certezas más o menos articuladas, negando la realidad en la que se sustenta y encubriendo la operación de sustracción de la realidad histórica como base o referencia de la certeza o certezas que sostiene la máscara y la consecuente sustitución por otros fundamentos.

Es interesante en este punto distinguir máscara de impostura. Cuando hablamos de impostura estamos hablando de un modo de sujeto construido desde la propia subjetividad, o bien, adquirido y encarnado al incorporarse a alguna institución que presenta tal impostura como ideal de sujeto. El enmascaramiento recae sobre cierto fragmento de la vida de relación de un sujeto, que por algún motivo, despierta un sentimiento ambivalente, por un lado, es algo que se desearía conservar por pertenecer a la historia del sujeto y, por otro, es algo que resulta, por algún motivo, intolerable y angustiante, por lo que se quisiera suprimir. A este conflicto, el sujeto le da la respuesta de preservar, negar y encubrir a un mismo tiempo, el fragmento de realidad histórica, atesorado e intolerable.

La configuración de alguna máscara puede condicionar la adopción de ciertas imposturas, propias de montajes capaces de reforzar el encubrimiento que la máscara opera, forzando al sujeto a incorporarse al montaje en cuestión, haciendo como si tal montaje le perteneciera, integrándolo en su yosoyasí.

Medio

La noción de medio que he adoptado integra los matices de significado en juego: el carácter instrumental, es decir, el medio como un a través de lo cual realizar tal o cual cosa por un lado; y, por el otro, el medio como ámbito y dominio.

Anexo

Mercado (Sujeto de mercado, Mercado como montaje)

Suficientemente hemos hablado de que lo que llamamos Mercado, no es otra cosa que una construcción imaginaria que sustituye a las realidades que dice integrar (relaciones materiales de producción), pero también he designado al mercado como montaje y como ficción delirante. Veamos en qué consiste.

Mercado como ficción delirante: el mercado puede ser considerado como una ficción delirante puesto que no guarda relación con las realidades a las que sustituye y figura representar.

Mercado como montaje: el mercado puede ser considerado como un montaje por el hecho de que es contexto y soporte argumental en el que determinadas imposturas encuentran su razón de ser, o un profundo reforzamiento de su razón de ser.

Sujeto del mercado: designo al sujeto del mercado como aquella impostura privilegiada por el montaje llamado mercado como "modo ideal del sujeto" al erigirse en una institución (identidad de pertenencia) capaz de proveer existencia y razón de ser, legislando sobre el sujeto.

Montaje: llamo montaje a un determinado recorte imaginario (que se da en un sujeto o en algún colectivo social o en alguna institución más o menos impuesta) en virtud de alguna cosmovisión preestablecida, de la cual es representante y sustituto, y que, por tanto, define y articula no solo una impostura sino que además, las relaciones posibles entre imposturas.

Neurosis (Tendencias, Certezas, Condiciones)

El término neurosis, también ha sido empleado en un sentido amplio en el presente ensayo, subrayando el hecho del parcial desvinculamiento de parte de la realidad exterior y en particular, de la articulación entre un fragmento de la realidad exterior y la realidad psíquica, que se rige por el rechazo más o menos activo de a todo aquello que conlleve el matiz de intolerable o angustiante. Así, la neurosis puede ser concebida como un montaje inherente al sujeto, puesto que se origina y sustenta en ser representativa y sustituto de un determinado conjunto más o menos articulado de certezas generando una cosmovisión.

Certezas neuróticas: llamo certezas neuróticas a aquellas certezas en las que se sustenta la cosmovisión inherente a las diversas neurosis.

Tendencias neuróticas: llamo tendencias neuróticas a aquellas concepciones, perspectivas, conductas, y lógica de pensamiento que se derivan de certezas neuróticas.

Condiciones neuróticas: esta expresión tiene el sentido de especificar que no hay neurosis posible sin condicionamientos, como también sin condiciones materiales de existencia previas. Noción que desarrollaremos más profundamente en un próximo ensayo llamado "Una neurosis llamada pobreza".

Pantalla

La noción de "Pantalla" la he acuñado para designar un determinado momento de una relación en la que una persona se ubica como soporte transferencial, posibilitando al otro de obtener un tiempo extra para resolver en transferencia parte de sus intelecciones frustradas y tramitar, simultáneamente, cierto caudal afectivo que amenaza con desbordar al sujeto, inundándolo de angustia.

Relación (modos; implicancia, pertenencia)

La palabra "relación" es una noción que implica varios planos que podríamos clasificar en un plano lógico (modo de relación y articulaciones de relaciones), un plano afectivo (afectos puestos en juego en la relación) y un plano que podríamos llamar manifiesto (manera de experimentar y registrar la relación por parte de las personas involucradas en esta).

Modos de relación: en el presente ensayo nos hemos centrado en el plano lógico de las relaciones, esto es, en los modos de relación. Hemos definido una manera abstracta de clasificar los modos de relación posibles, dividiéndolos en modos propios de los lazos de pertenencia y en modos propios del lazo de implicación. El lazo o relación de pertenencia es aquella relación en la que el sujeto interviene como objeto de sujeción al lazo afectivo o social. Es decir, literalmente, en este tipo de lazo el sujeto se entrega como pertenencia; al punto de que adquiere identidad solo en relación al otro de la relación.

Este lazo o relación se inscribe, posteriormente, dependiendo de su intensidad afectiva y sobre todo, de su acción coercitiva sobre los sujetos que le pertenecen, como modo privilegiado de relación. En casos extremos, se torna este modo como excluyente de cualquier otro modo.

En el lazo o relación de implicación, se da un efecto diverso. La persona se involucra en una relación que no le exige abandonar sus imposturas propias ni le exigen encarnar un determinado modo de sujeto (aprobado).

En virtud de lo cual, se puede asimilar, el modo de relación propio del vínculo de pertenencia a una expresión de la pulsión de dominio ya que en este vínculo o modo de relación el otro no aparece como semejante sino como objeto a instruir, configurar, etc.; mientras que el vínculo de implicación o modo de implicación, se puede asimilar al lazo amoroso tierno y sensual y al interés erótico en general, dado que el otro siempre interviene como semejante.

Sensualidad

La noción de sensualidad, particularmente, en este ensayo está usada en función de la hipótesis central de este ensayo:

la sensualidad es un progreso psíquico que funda, mediante la implicación en el propio cuerpo y posteriormente, la posibilidad de considerarse semejante a otros, el paso de la sexualidad al interés erótico y a la consideración amorosa, en virtud de establecer un lazo de empatía (reconocimiento del otro como semejante). Por lo que, cuando hablamos de sensualidad estamos oponiendo al concepto de sexualidad entendida como actividad puramente biológica e instintiva; un progreso psíquico que implica el desvío del interés propiamente sexual en extinguir la tensión sexual, hacia la primera investidura de atención hacia algo exterior y ajeno al propio cuerpo. Dicho de otra manera: desde esta hipótesis quedaría definido lo sexual como algo perteneciente exclusivamente a lo biológico y, lo sensual, como algo perteneciente exclusivamente a lo psicológico.

Subjetividad (Sujeto, precariedad subjetiva).

El término "subjetividad", término muy confuso por la profusión de significados y sentidos que se le ha provisto desde muy diversos discursos, incluso epistemológicamente irreconciliables, lo tomo en este sentido:

La subjetividad es el entramado histórico-ficcional que define un sujeto como único e irrepetible, integrando tanto la historia real, la manera de experimentar la historia real y el/los peculiares registros que se puedan hacer de esta, sea negándola, preservándola, encubriéndola, etc.

El sujeto: es efecto de la dinámica de la subjetividad y su interrelación dialéctica con el mundo exterior, lazos afectivos-sociales, realidad exterior y objetiva, etc.; tal como se registra en una vida particular por atadura a un cuerpo y, sobre todo, a la representación de un cuerpo, como montaje para lo psíquico.

Yosoyasí (yosoy, unidad yoica, narcisismo)

Este neologismo que he acuñado tiene por fin dar cuenta del yo como institución psíquica (en el sentido de sede y representación y representante de las instituciones exteriores a lo que el sujeto está alienado); es el yosoyasí tal como se expresa coloquialmente en la vida cotidiana pero, también, la institución psíquica en la que se sustenta, sede de las certezas más o menos neuróticas con las que el sujeto, enmascarando las discontinuidades en las que se sustenta y que lo definen, se forja una unidad ficcional, ajena a toda discontinuidad, y por tanto, pasible de ser mantenida más o menos libre de angustia.

Yosoy: Se podría pensar, en este sentido, el yosoy, como la formación psíquica y el yosoyasí como la expresión manifiesta de tal formación.

Unidad Yoica: Decir unidad yoica es simplemente una manera de decir y no una categoría en especial, incluso, una manera redundante de decir, dado que el yo, siempre es una unidad más o menos fragmentada.

Narcisismo: El concepto de narcisismo que hemos utilizado en alguna oportunidad tomándolo en parte prestado del psicoanálisis freudiano, implica todo aquello ligado a la manera de experimentar el yosoy, sus propios intereses y la manera en que registra tales experiencias.

Vida de relación

Cuando hablamos de vida de relación, estamos hablando de la vida cotidiana en general, tal y como la experimenta y la registra una persona por el hecho de vivir en relación tanto a los otros (considerados o no como semejantes) y en relación para consigo mismo (fantasías, aspiraciones, deseos, su cuerpo, etc.).

Anexo

Bibliografía de referencia

–Dick, Philiph K.: Ubik.
–Freud, Sigmund: Obras Completas.
–Korczak, Janusz: Si yo volviera a ser niño.
–Lanuzza González, Eduardo: ¿Y qué hay de los puntos cardinales?
–Le Bon, Gustave: Psicología de las multitudes.
–Leclaire, Serge: Matan a un niño.
–Marx, Karl: El capital: El fetichismo de la mercancía y su secreto.
–Nietzsche, Friederick: El ocaso de los ídolos.
–Nietzsche, Friederick: Más allá del bien y el mal.
–Pichón-Rivière, Enrique: Teoría del vínculo.
–Reich, Wilhelm: La revolución sexual.
–Sibony, Daniel: Perversiones (Diálogos sobre locuras actuales)
–Stekel, Wilhelm: Infantilismo psicosexual.
–Stekel, Wilhelm: La impotencia en el hombre
–Stekel, Wilhelm: La mujer frígida
–Szama, Miguel A.: Los nombres de la madre.
–Szczesny, Gerhard: El futuro de la Incredulidad.
–Toffler, Alvin: La tercera ola.

Daniel Adrián Leone

www.ingramcontent.com/pod-product-compliance
Lightning Source LLC
Chambersburg PA
CBHW021359210526
45463CB00001B/156